该专著为现代职业教育研究中心基地项目成果。

基金项目：杭州市哲学社会科学规划课题基地项目——基于服装设计与工艺专业群"产业学院"的人才培养模式研究——以龙渡湖时尚产业学院为例（项目编号：2023JD46）

基于产业学院的服装设计
与工艺专业群人才培养

王培松　著

吉林出版集团股份有限公司
全国百佳图书出版单位

图书在版编目（CIP）数据

基于产业学院的服装设计与工艺专业群人才培养 /
王培松著. -- 长春：吉林出版集团股份有限公司，
2023.10
ISBN 978-7-5731-4443-0

Ⅰ.①基… Ⅱ.①王… Ⅲ.①服装设计－人才培养②
服装工艺－人才培养 Ⅳ.①TS941

中国国家版本馆CIP数据核字(2023)第213153号

JIYU CHANYE XUEYUAN DE FUZHUANG SHEJI YU GONGYI ZHUANYE QUN RENCAI PEIYANG

基于产业学院的服装设计与工艺专业群人才培养

著　　者	王培松
责任编辑	杨　爽
装帧设计	优盛文化

出　　版	吉林出版集团股份有限公司
发　　行	吉林出版集团社科图书有限公司
地　　址	吉林省长春市南关区福祉大路5788号　邮编：130118
印　　刷	定州启航印刷有限公司
电　　话	0431-81629711（总编办）
抖 音 号	吉林出版集团社科图书有限公司　37009026326

开　　本	710 mm×1000 mm　1 / 16
印　　张	17
字　　数	230 千
版　　次	2023 年 10 月第 1 版
印　　次	2023 年 10 月第 1 次印刷

书　　号	ISBN 978-7-5731-4443-0
定　　价	98.00 元

如有印装质量问题，请与市场营销中心联系调换。0431-81629729

前　言

　　产业学院的产生适应了经济社会发展的需求，产业学院以培养适应社会发展需求的复合型、应用型人才为目标，将高等教育与产业紧密结合。在当前快速变化的时代背景下，传统的学科分类和教育模式已不能完全满足产业发展的要求。因此，建立产业学院成为高等教育改革与创新的重要举措。

　　服装设计与工艺专业作为一门应用型学科，紧密联系着时尚产业和工艺制造业。传统的学院体制难以满足服装设计与工艺专业培养创新人才的需求，因此建立产业学院成为必然的趋势。产业学院的理念和特点与服装设计与工艺专业的培养目标高度契合，为其提供了更广阔的发展空间和更深入的产业链。

　　在产业学院的背景下，服装设计与工艺专业能够更加贴合产业需求，突破学科壁垒，与企业、行业进行深度合作，实现产教融合。通过产业学院的教学模式和实践教学资源整合，学生能够接触最新的工艺技术和行业趋势，提高实践能力和创新能力，更好地适应行业的发展需求。

　　本书旨在探讨产业学院背景下服装设计与工艺专业群人才培养的理论与实践，并提供相关案例和经验。通过对产业学院背景下的人才培养模式、实践教学设计以及教学效果评价进行论述，为读者提供有关产业学院背景下服装设计与工艺专业人才培养的全面理解和参考，推动产学合作与学科交叉融合的深入发展。

作者
2023 年 12 月

目 录

第一章　产业学院的理论认知

第一节　产业学院的内涵及历程回溯

一、产业学院的内涵

（一）基地说

产业学院这个概念在学术界有多种解释。徐秋儿（2007）将产业学院定义为高等职业院校与企业深度合作的实践教学基地，是实现工学结合的有效方式。这是因为产业学院可以利用企业的资源，将教学内容与企业的实际工作情况结合起来，使学生在学习的过程中能更好地理解理论知识，更熟练地掌握实践技能。另外，产业学院的提出也是对提升教育质量需求和企业发展需求的回应。随着经济的发展和社会的进步，人们对教育质量的要求越来越高，同时企业对人才的需求也越来越大。产业学院可以提供更高质量的教育，也能为企业培养出更多的专业人才，满足企业的发展需求。[①]

曾广志和赵小锋（2019）以产业学院为出发点，探讨了产业与教育

---

① 徐秋儿：《产业学院：高职院校实施工学结合的有效探索》，《中国高教研究》2007 年第 10 期。

的融合。他们提出，产业学院是产业与教育融合的一种新形式，是多种合作模式的卓越成果。他们深信产业学院的建立对于解决人才培养供应方与行业需求方之间的不匹配问题有着显著作用。这一观点说明他们认识到了教育与产业间存在的关系。这种关系不仅在于单纯的技能培训，还在于如何创新融合多种资源，以满足社会的多元需求。在这个过程中，产业学院起到了关键的桥梁作用。产业学院通过和企业深度合作，将学校教学与企业实践紧密结合在一起，从而更好地培养符合行业需求的高素质人才。另外他们指出，产业学院是传统的"校企合作""基于订单的"培训、"顶岗实习"以及"实习培训基地"模式的进一步升级。这些传统模式虽然也试图把教育与产业联系起来，但往往存在一些问题，如教学与实践的脱节、人才供应与市场需求的不匹配等。而产业学院则通过系统性、全面性的合作解决了这些问题，使得教育与产业能够更加有效地融合，以达到人才培养的最优效果。最后，他们强调产业学院是一种有效的解决方案，能够解决人才培养供应方与行业需求方之间的"两张皮"问题。[①]

胡伟对于产业学院的理解主要从产学结合和校企合作的角度出发，他认为产业学院是深化这种结合和合作的重要方式。在他的视角中，产业学院不仅是一个教育机构或者实训基地，还是一种独特的教育模式，这种模式将工业园区、学校以及专业和产业链有机地结合在一起，提倡由"政府、学校、行业和企业"共同运营，强调了多方面的联动和互动。在胡伟的观念中，产业学院需要以市场需求、行业标准和专业需求为导向，构建其人才培养体系。这意味着产业学院的培养方案、课程设置、实践教学等方面都应当以市场和行业的实际需求位根据，以提高学生的就业竞争力和行业适应能力。他进一步强调了校企互动和交流的重要性。

① 曾广志、赵小锋：《产业学院背景下创新创业教育研究》，《科技视界》2019年第34期。

在胡伟看来，产业学院不仅要提供给学生理论知识学习和实践技能培训机会，还要让学生和企业直接接触、互动，通过实际的工作经验和项目合作，让学生更好地理解和适应行业环境。胡伟的理念强调了校企双主体育人活动的实施，他认为产业学院是一个培育人才的平台，也是企业和行业发展的助推器，因此学校和企业在人才培养过程中都应担当起主体的角色，共同推动人才的成长。他还认为产业学院最终的目标是成为人才培养基地、产业研究基地、创业基地。[①] 这意味着产业学院不仅是培养学生技能和知识的地方，还是推动产业研究、创新、创业的重要平台。通过这样的设定，产业学院能够直接服务于社会经济发展，为社会提供更多的价值。

然而，对于产业学院被视为职业院校基地的观点，存在一些争议。一个基地通常被认为是进行特定活动的场所，就像某种活动的中心或者家园。然而，用"基地"来描述产业学院可能并不准确，因为职业院校的各个合作企业都可以被视为职业院校的实习、实训、实践基地，但产业学院其实已经超越了"基地"这一概念。尽管曾广志和赵小锋提到产业学院是实训基地的升级版，但他们并没有明确说明升级后的具体形态，这让人对产业学院到底升级成了什么样的机构存有疑问。因此，对于产业学院的具体定义和定位，学术界还需要进一步讨论和明确。

（二）学院说

产业学院的内涵并非止步于基地说，若要进一步深化理解，需要从"学院说"的角度来观察产业学院。邵庆祥就产业学院的内涵给出了深入的见解。他认为，产业学院并不只是一所传统意义上的高职院校，它体现出的整体属性与其服务对象有着紧密的关系。换句话说，这样的学院在专业设立、人才培养、技术培训、技术咨询以及开发等诸多方面，都

---

① 胡伟：《构建以产业学院为依托的校企合作模式路径探析》，《中外企业家》2020年第20期。

与和其对接的产业有着紧密的联系，这一特性也被邵庆祥定义为产业学院的明确指向。他进一步指出，为了达到这样的目标，产业学院在实际的办学过程中，往往与相关产业的龙头企业形成深度的合作关系。[①] 这些关系如同纽带，将学院与产业紧紧地联系在一起，确保学院的教学和研究活动能够紧跟产业的发展，并为产业的进步提供有力的支持。

周大鹏在 2018 年的研究中，对产业学院的内涵进行了深入的理解和阐述。他认为，产业学院是随着我国高等教育改革中投资主体多元化和混合所有制管理模式的发展而产生的。他的观点强调了产业学院是由两个或两个以上法人实体联合组成的教育机构，这些法人实体可能包括企业和高职院校。在他的理解中，产业学院并非单纯的教育实体，而是教育与产业的交融，是学校与企业间的紧密合作。这种合作形式不仅推动了教育与产业的双向发展，还带动了社会经济的进步。企业与高职院校在产业学院中各自承担着相应的权利和义务，通过共同的努力，实现共赢。这里的权利与义务可能包括但不限于：企业提供实习实训场所，高职院校进行人才培养，双方共同开展科研项目等。这样的合作模式，确保了学院教育的针对性和实用性，使得学院的人才培养更符合市场需求，提升了教育的效果和社会的认可度。[②]

朱跃东对于产业学院的内涵有深入的理解和独特的诠释。他将视角转向了产业学院的所有权结构，他认为产业学院实际上是一所所有权结构混合的高等职业技术学院。混合的所有权结构包含了不同所有权性质的资本，这些资本在学院中采用了市场化和独立的运作方式。朱跃东在此重点强调了所有权混合的特性，这也是产业学院与传统教育机构的重要差异之一。所有权混合的结构，在一定程度上增加了学院的灵活性和

---

① 邵庆祥：《具有中国特色的产业学院办学模式理论及实践研究》，《职业技术教育》2009 年第 4 期。

② 周大鹏：《产业学院：协同育人视角下高职艺术设计专业产教融合的探索》，《高教探索》2018 年第 3 期。

自主性，也更好地适应了现代社会的发展需求。在朱跃东的理解中，这些不同所有权的资本，不仅包括物质资源，还包括了人力资源、知识资源和社会资源等。[①] 这些资源的市场化和独立运作，能使学院更好地满足社会和产业发展的需求，也能有效提升学院的教学质量和研究水平。

李晓文在研究产业学院的时候，给出了一种新颖而深刻的理解。他认为产业学院是二级学院，是由学校和企业共同建立、共同管理的。他进一步明确指出，产业学院的成立是在当前的办学体制下，通过建立起政府、学校和企业之间的长期合作机制来实现的。他强调了产业学院的定位——与区域支柱产业以及产业链转型、升级和发展紧密关联。[②] 这里的转型、升级和发展，包括产业结构的优化、新产业的发展，以及对于新技术、新模式的运用等方面。在这个过程中，产业学院扮演着重要的角色。它们以高校为平台，聚集企业的力量，充分发挥产学研的优势，共同进行专业建设、科研，以及人才培养工作。

张雪彦对于产业学院的内涵进行了独特的解读。她坚持认为产业学院是一个市场导向的实体，由具有不同所有权属性的资本混合运作，这些资本可能来自公有的教育资源，也可能源自企业的投资。混合所有权的资本运作模式既能吸纳公有教育资源的优势，如丰富的教育经验和政策支持，也能受益于企业投资的优点，如资金充裕和管理模式灵活。张雪彦还强调了产业学院的独立性。在她看来，作为一所独立运作的高职院校，产业学院有足够的自主决策权来制定适合自身发展的办学策略和路径。独立性赋予了产业学院在人才培养方面更高的灵活性和适应性，使其能够更好地应对社会对高技能人才的需求变化。然后，张雪彦进一步指出，产业学院有能力整合人才培养、技术研发、技能培训和生产服

---

① 朱跃东：《高职混合所有制二级产业学院建设的实践之惑与应对之策》，《中国职业技术教育》2019 年第 1 期。
② 李晓文：《高校产业学院的资源整合与协同育人模式探析》，《宁波经济（三江论坛）》2020 年第 6 期。

务。① 这意味着，产业学院不仅是一个培养人才的平台，还是技术研发、技能培训和生产服务的基地，它在推动产业发展，特别是在促进区域产业转型和升级方面，扮演了重要角色。

学院说是在基地说出现两年后出现的，对这种说法认同的文献较多。学院本身的含义是跟大学平行的以实施单一性专业教育为主的高等学校，如音乐学院、师范学院等。在大学内按科分设学院的是介于大学与系之间的教育管理机构，如大学中的文学院、法学院、理学院等。这里所讲的学院和传统的大学学院的区别就是更强调它本身的独立性和自主权。

（三）实体说

易雪玲、邓志高（2014）认为产业学院是以现有的重点专业团体和特色专业团体为基础的教育实体机构。它整合了学历教育、社会培训、技术研发和服务。同时，它也是高等职业教育发展的新模式，与产业和乡镇合作密切。

易雪玲和邓志高在 2014 年对产业学院的内涵进行了深入的理论研究。他们将产业学院理解为一个根据现有重点专业团体和特色专业团体构建的教育实体机构，强调了产业学院与相关专业镇政府在其工业园区（基地）合作的特点。此类合作模式让产业学院在教育、科研和服务等多个方面都能与实际的工业生产相结合，具备了学以致用的特质。易雪玲和邓志高还提出，产业学院是一个整合了学历教育、社会培训、技术研发和服务的教育机构，其涵盖了从基础教育到应用研究等一系列功能。最后，他们提出产业学院是高等职业教育发展的新模式，与产业和乡镇合作密切。②

许文静在 2018 年就对产业学院的理解提出了一种新颖的观点。她强调，产业学院是一个实体组织，通过学校、企业和政府的紧密合作而建

---

① 张雪彦：《我国高职院校产业学院建设研究综述》，《汽车实用技术》2021 年第 10 期。
② 易雪玲、邓志高：《探索"专业镇产业学院"高职教育发展新模式》，《中国高等教育》2014 年第 15、16 期合刊。

立。许文静所倡导的产业学院模式并不仅仅是一个纯粹的教育机构，还是一个涵盖多个实体并且能够达成资源共享的平台。这个平台强调互惠互利的合作。学校、企业和政府作为主要的参与者，都从合作关系中受益。学校可以通过合作，更好地了解行业需求，更新教育课程，以满足企业和行业对于技术人才的需要。企业可以通过合作，及时获取新的研究成果，改进和提高产品质量和生产效率。政府也可以通过推动合作，促进当地的产业发展和经济增长。同时，许文静也强调了风险共担和共同创新的理念。在合作模式下，学校、企业和政府都需要承担一定的风险。比如，学校可能需要投入资源进行课程改革和更新，企业可能需要投入资源进行新技术的研发和应用，政府可能需要投入资源支持合作关系的建立和经营。然而，这些风险也带来了可能的回报，这就是共同创新。学校、企业和政府通过共享资源和知识，可以共同推动产业发展，创造新的产品和服务，从而推动经济的发展。

燕艳和吴勇着重强调了产业学院作为实体教育机构的重要性和特性，认为产业学院是在大学现有的专业（或专业群）技术优势和企业的生产、研发优势的基础上建立的。它并不是孤立存在的，而是通过与地方政府、行业协会和产业集群所在地的龙头企业的密切合作而成立的，不仅确保了产业学院教育内容的前瞻性和实用性，还为相关企业提供了技术研发和人才培养的重要平台。燕艳和吴勇强调的是产业学院的实体性质，但他们更注重的是其为社会和产业服务的能力。他们认为产业学院是研发与社会服务的结合体，目的是为产业集群的发展提供服务。[1]产业学院不仅是教育和研究的场所，还是推动产业发展的动力源。它们以专业知识和技术优势，为地方政府和企业解决实际问题，提供技术支持和人才储备。

---

[1]　燕艳、吴勇：《关于产业学院若干问题的研究》，《广州城市职业学院学报》2019年第2期。

黄文伟、郭建英和王博在2019年就对产业学院的理解提供了一种全新的视角。他们把产业学院定义为职业教育的实体化运营组织。在这样的定义下，产业学院被构想为一个综合性的机构，它集成了学历教育、技术研发、技能培训和生产服务。这些元素的整合使得产业学院既能够提供高质量的教育，也能够通过技术研发和技能培训服务于社会和行业。他们还指出，产业学院的建立是由产业集群所在地的政府、行业协会、工业园区、龙头企业和职业学院共同完成的。[①]

按照汉语词典的解释，实体是国有企业或公共事业单位内部子公司的一种统称。根据这个解释，可以将这里的"实体"理解为二级学院。这与对"学院说"的理解有一定的相似性，但"实体说"更强调产业学院的法人资格和独立性。此外，"实体"一词还强调了产业学院的应用性以及其为产业集群发展提供服务的明确目标。

（四）模式说

张伟萍将产业学院视为一种创新教育环境，其中工学结合的人才培养模式特别引人注目。张伟萍强调，产业学院的特性和价值并不仅仅局限于传统的教育环境。在她的理解中，产业学院是一个独特的实体，它可以利用企业的理念、机制、模式和条件等资源，促成开放合作的一体化模式。张伟萍对产业学院的理解还特别强调了互动共赢的校企合作共生发展模式。这种模式意味着产业学院和企业不再是简单的合作伙伴，而是共生的伙伴。在共生的过程中，产业学院和企业可以共享资源，共同发展，最终达到互动共赢的效果。张伟萍认为，这种模式是产业学院成功的关键，也是它区别于其他教育机构的重要特征。[②]

刘国买、何谐、李宁以及梁俊平在2019年针对产业学院的内涵进行

---

① 黄文伟、郭建英、王博：《混合所有制产业学院的生成逻辑与制度建设》，《职业技术教育》2019年第13期。

② 张伟萍、俞步松、王自勤、朱利萍、孙玺慧：《基于产教融合的"物流产业学院"机制创新与实践》，《中国职业技术教育》2015年第31期。

了深度解析。他们将产业学院置于一种联合办学的模式之中，强调这个模式的核心即高等职业学院和区域经济发展的紧密联系。他们认为，这种特殊的办学模式以高等职业学院为教育基础，与地方政府、行业协会和龙头企业达成深度合作，共同培养高技能人才，同时也在这一过程中推动产业的转型和升级。在他们的研究观点中，产业学院不再只是传统意义上的教育机构，还成了一种具有动态性的教育模式，这种模式并非单一依赖于教育机构，融入了政府、企业、行业协会等多元力量，共同构建出满足区域经济发展需求的教育平台。此外，刘国买、何谐、李宁和梁俊平也提到，联合办学模式下的产业学院，除了教育培训任务，还肩负着推动地区经济发展，特别是促进产业转型升级的重要任务。[①] 他们对产业学院的描述，突出了其在产业发展和区域经济进步中的关键作用，强调了产业学院在办学过程中的实用性和对接社会、对接产业的特性。独特的办学模式使得产业学院不仅能培养出符合市场需求的高技能人才，还能有效推动产业的转型和升级，为区域经济发展提供强大的支持。

邬厚民将产业学院视作职业教育实践与生产实践深度融合的结果，这是一种针对特定行业的全方位、立体、深度的校企合作模式。在他的理解中，产业学院是一个特别的教育和实践环境，其本质是职业教育与生产实践的有机结合[②]。

"模式说"是对产业学院的一种解读，认为产业学院是一种更深、更新的校企合作模式，涉及学校、政府、企业和行业协会的多方共建，以及企业化管理和市场化运营。这种模式在应用时需要考虑具体情况，既要实现一般性和特殊性的连接，也要根据实际情况的变化随时调整要素和结构，这样才能保证它的可操作性。然而，将产业学院定义为一种模

---

① 刘国买、何谐、李宁、梁俊平：《基于"三元融合"培养应用型人才：新型产业学院的建设路径》，《高等工程教育研究》2019 年第 1 期。

② 邬厚民：《产教融合视域下高职产业学院的机制建设探索 ——以广州市动漫游戏产业学院为例》，《现代职业教育》2020 年第 26 期。

式的表述似乎较为抽象，不够具体，还需要进一步深入探讨这种模式的运作机制。

二、产业学院的历程回溯

（一）初步探索阶段（2006—2011 年）

产业学院的初步探索阶段可以追溯到 2006—2011 年间。在此期间，浙江经济职业技术学院和浙江物产集团携手共建了国内最早的产业学院——物流产业学院和汽车后服务连锁产业学院。

物流产业学院和汽车后服务连锁产业学院的诞生，可以说是中国产业学院发展的开端。在新的教育形式和模式下，这两所学院为产业的发展贡献了大量专业人才，也对教育方式进行了新的实验和探索。

物流产业学院是浙江经济职业技术学院和浙江物产集团联合建立的，此学院的建立意味着中国物流产业教育开始探索新的道路。物流产业学院紧密结合物流行业的实际需求，将教学内容设计得更加符合行业实际，这无疑让学生在毕业后能够更好地适应物流行业的需求。它成功地构建了理论学习与实践经验相结合的教育模式，其中一个重要的实践项目就是与浙江物产集团共同举办的"现代物流运营管理实战训练营"。这个训练营以现代物流运营管理为主题，由物流产业学院的教师和浙江物产集团的实际工作人员共同设计和指导，让学生能够在实际的物流环境中进行学习和实践。在训练营中，学生需要了解和掌握现代物流的基本流程，包括货物采购、库存管理、物流配送、订单跟踪等环节。同时，学生也需要学习如何运用现代信息技术，如大数据、云计算等，学习物流运营和管理。该训练营强调问题的发现和解决，鼓励学生通过团队协作和创新思维，寻找并实施解决方案。同时，其也注重学生之间的交流和分享，引导他们在解决实际问题的过程中学习他人的经验和方法。

该学院还通过与企业的深度合作，为学生提供了大量的实习机会和实践平台，使他们在真实的工作环境中提升自我，提前适应工作节奏，对于提高学生的就业能力和实践能力起到了重要作用。

与物流产业学院相似，汽车后服务连锁产业学院也是在浙江经济职业技术学院与浙江物产集团的共同努力下成立的。该学院注重汽车后服务连锁产业的实际需求，通过与相关企业的合作，开展了大量的实践教学活动。同时，它还通过与企业的深度合作，为学生提供了大量的实习机会和实践平台。这些实践机会使学生能够接触真实的工作环境，有效提高专业技能和实践能力。此外，该学院还对汽车后服务连锁产业的发展趋势进行了深入研究，会及时更新教学内容，以确保教育的及时性和实用性，使学生在学习理论知识的同时，积累大量实际操作经验，从而更好地适应汽车后服务连锁产业的需求。

在这个阶段，教育者和产业界首次联手，开始探索产教融合的新模式。他们共同设定了教育目标，将专业教育与具体的行业需求结合在一起，让学院的教育内容更贴近实际，为行业输送了大量专业技术人才。此外，这个阶段的产业学院还在办学模式上进行了尝试，寻找更适应产业发展的教育形式。比如，物流产业学院将物流产业的实际需求融入教学，通过实践教学，让学生在进行理论学习的同时，得到实践经验，从而可更好地适应物流产业的工作环境。

这个阶段的产业学院，无疑为后期的产业学院发展打下了坚实的基础。他们的探索性实践，开启了产业学院的历史篇章，对于后期产业学院的发展起到了重要的启示作用。

（二）快速成长阶段（2012—2019 年）

在 2012—2019 年这一阶段，产业学院进入了迅速发展的阶段。中山职业技术学院与当地镇区政府和企业的合作是这一阶段的标志性事件，他们共同成立了四个产业学院。在这个阶段，"一镇一品一专业"的发展模式形成，且其在办学体制机制上进行了创新性改革。

这个阶段的特点是，学校的专业链条与区域产业链条的对接，使得教育与产业之间形成了更为紧密的联系。学校的课程设置、教学方法和实践方式等都以产业需求为导向，努力满足产业发展的需要。而学生在学习的过程中，也能接触到最新的产业动态，深化对专业知识的理解，提升职业技能。

"一镇一品一专业"的发展模式是这个阶段的一大创新。它将镇区的特色产业与学校的专业教育结合起来，形成了一个独特的教育模式。在此模式下，每一个镇区都有其产业特色，学院的专业和教学内容设置则紧紧围绕这一产业进行。通过这样的方式，教育与地方产业的融合度势必大幅提升，学生学到的知识和技能也更贴近实际，更容易得到应用。假设有一个镇区以家具制造业为主导产业，那么当地的职业学院则会开设与之相关的专业课程。这是一种实现产教融合，推动区域产业发展的有效方式。开始，要考虑家具制造业的特点和需求。这个产业不仅需要具备技术技能的工人，还需要具备设计、管理和销售能力的人才。因此，职业学院在开设相关专业的时候，需要充分考虑这些因素，以确保培养出的人才能够满足产业发展的需求。以家具设计为例，在进行课程设置时，除了基础的绘画和设计课程，还需要加强材料学、工艺学等课程的教学，以帮助学生更好地理解家具的生产工艺和材料特性。同时，需要加强设计软件应用训练，使学生能够适应数字化设计需求。从家具制造专业角度考虑，除了基础的机械操作和工艺技能教学，还需要加强新材料、新工艺教学，以适应产业发展的需求。另外，还需要强化实践教学，通过参观实习、工程实践等方式，使学生能够真实地感受产业现场的工作环境和条件，增强其实践能力和应变能力。

在此基础上，职业学院还需要与当地的家具制造企业建立紧密的合作关系。通过实习、就业指导、校企合作项目等方式，使学生能够更好地了解产业现状，提升其就业竞争力。同时，企业也可以通过与学院的合作，获取更为优秀的人才资源，推动产业的发展。

除此之外，在办学体制机制上的改革创新，也是这一阶段的重要内容。一方面，学校加大了与产业的合作力度，通过建立产业学院，加强了与产业的紧密结合；另一方面，学校在教学、科研等方面，也进行了积极的改革和创新，以更好地满足产业发展的需求。

（三）纵深发展阶段（2020 年至今）

自 2020 年起，产业学院进入了一个全新的发展阶段——纵深发展阶段，此一发展阶段的开始标志着我国产业学院建设的全面推进和系统化规划。

此时，产业学院的建设受到了国家和地方层面的大力推动，不仅得到了政策上的鼓励和支持，还受到了广大人民群众的关注和期待。例如，为了推动产业学院的建设，我国的教育部和各地教育局都设立了专项资金。政府鼓励产业与教育融合，提供各种政策扶持，如税收优惠、科研资金支持等。政府会提供优秀教师培训项目，通过培训提高教师的教学质量，以适应产业学院的需求；通过提供奖学金、实习机会、就业指导等方式，鼓励学生选择产业学院。政府鼓励学校和企业进行深度合作，企业可以通过参与教学、提供实习机会等方式，提升学生的实践能力。在双重力量推动下，产业学院呈现出了规模化发展的趋势，其数量和规模都在持续增长。

产业学院在这一阶段的功能和目标进一步明确和细化，这也对其教学、科研等各方面提出了更高的要求。在这一阶段，产业学院的首要任务是为产业发展培养高素质、技术熟练的人才，具体包括引导学生深度学习理论知识，为他们提供实践和创新的机会，从而使他们能够在毕业后立即投入产业工作。产业学院需要紧密结合产业的发展趋势，持续对教学内容和方式进行调整和优化，以保证教学的实用性和前瞻性。这也意味着产业学院需要与企业有深度的合作，让学生能有机会接触最前沿的产业信息。产业学院通常会设有自己的研发机构，进行技术研究和开发，为产业提供技术支持。这同时也为学生提供了学习和实践的机会。产业学院还需要为社会提供服务，如技术咨询、人才培训、项目合作等。这是产业学院回馈社会的方式，也是提高自身影响力的重要途径。产业学院还需要承担传承和创新行业文化、传承产业的优秀传统、推动产业文化创新、提升产业的内涵和精神等责任。从上述具体的功能和目标来看，产业学院不再仅仅是培养技术型人才的平台，还成了推动地方产业发展，带动经济增长的重要力量。产业学院的发展不仅仅反映了我国教育改革的成果，还显示出了我国经济发展的蓬勃活力。

在这个阶段，产业学院在人才培养、科研创新等方面取得了重要的成果，得到了广泛的社会认可和高度评价。例如，在人才培养方面，产业学院通过与企业紧密合作，进行校企共建，促进了教育内容和产业需求的深度匹配，有效地提升了学生的就业能力和竞争力；产业学院引入了企业参与的创新教学模式，如工作坊式教学，使得学生能够在学习过程中紧贴企业需求，增强实践和创新能力。产业学院还为学生提供了丰富的实习和实践机会，使学生能够在学习阶段就接触到真实的工作环境，提前适应职场需求。而在科研创新方面，产业学院通常会设立自己的研发机构，与企业共同进行科研项目，开展具有实际应用价值的研发活动，推动科技的发展和产业的升级；产业学院的科研活动通常与教学紧密结合，学生可以参与到科研项目中，这样不仅可提升学生的研究和创新能力，还可丰富学院的科研成果；产业学院的科研创新通常能够紧跟产业发展的前沿，对于推动地方经济的发展，提升地方产业的科技含量具有积极的推动作用。产业学院优秀的教学质量和实践教学特色，使得产业学院毕业生在就业市场上备受欢迎，这无疑也推动了产业学院的进一步发展。

但在纵深发展阶段，产业学院也面临一些挑战，其中包括如何适应快速发展的产业变化、如何将教学和产业更紧密地结合在一起、如何提升教师的教学能力和科研水平等。面对这些挑战，产业学院需要不断地探索和创新，以推动其更好地发展。产业学院在这个阶段的发展，其实也是一个不断探索、试错和学习的过程。每一次进步和突破，都是对产业学院发展理念和发展路径的一次检验和证明。只有在不断的实践中，产业学院才能找到最适合自己的发展道路，才能真正实现其价值和目标。

第二节　产业学院的目标与重要使命

一、产业学院的目标

（一）产业技能培养

1. 基础技能训练

基础技能训练在产业学院建设中具有重要的意义。首先，基础技能是学生进一步学习和发展的基石。通过基础技能训练，学生能够掌握所学专业的基本知识和技能，为他们未来的学习和职业发展打下坚实的基础。其次，基础技能训练对于学生培养自信心和自我认知能力至关重要。通过基础技能训练，学生能够逐渐发展自己的专业特长，提高对自身能力的认识，从而增强自信心，找准职业定位。此外，通过基础技能训练还能够培养学生的动手能力和实践能力。通过实际操作和实验，学生能够将理论知识应用于实际，锻炼解决问题的能力，提高自己的动手能力和实践技巧。

在产业学院的目标中，训练学生的基础技能是非常重要的一环。产业学院致力为学生提供全面的基础技能训练，确保他们拥有基本技能和知识。

在基础技能训练中，学生可掌握与所选专业领域相关的基本概念、原理等，为后续学习和实践打下坚实的基础。另外，在此过程中，学生可接受相关实践课程和实验训练，通过实际操作和练习，掌握所选专业领域的实践技能，包括使用特定软件或工具、进行实验和实验数据分析等。此外，基础技能训练还注重培养学生的团队合作能力和沟通能力。通过参与项目合作、团队作业等活动，学生可增强与他人合作的能力，锻炼沟通解决问题的能力，为未来的职业发展做好准备。

通过组织基础技能训练，产业学院旨在确保学生具备扎实的专业基础，能够胜任未来的工作和职责。同时，基础技能训练为学生的终身学习奠定了坚实的基础，为他们在职业生涯中不断发展和成长提供了支持。

2. 高级技能培养

随着产业的发展和技术的进步，高水平的技术人才需求日益增加，这就要求产业学院注重培养学生基础技能的同时，加强培养学生的高级技能，以满足产业发展的需求。产业学院致力培养具备丰富专业知识和技能的毕业生，而高级技能正是他们在工作岗位上所必需的。产业学院通过专业课程的设置和教学方法的创新，帮助学生系统学习和掌握行业的核心技能，具体包括针对服装设计与工艺专业的专业课程，如服装设计原理、面料选择与加工技术等，以及与之相关的实践课程，如设计实践和工艺实践。通过深入学习这些课程，学生可以全面理解和掌握专业知识和技能，为他们将来成为行业专业人才打下坚实基础。通过组织深度学习和实践，产业学院能够培养出在特定领域具备丰富经验和专业技能的毕业生，使他们能够在就业市场中脱颖而出，成为行业中的佼佼者。在快速变化的时代背景下，创新能力已经成为企业和产业发展的关键要素。产业学院通过项目实践、实习实训等，让学生参与解决实际问题，培养他们的创新思维和解决问题的能力。在高级技能培养过程中，学生将接触到更复杂的设计和工艺问题，需要运用创造性思维和创新方法来解决。产业学院通过项目实践、实习和竞赛等，鼓励学生思考和探索，培养他们的创新精神和解决问题的能力。这样的培养模式能够激发学生的创造力和创新潜能，为他们未来的职业发展打下坚实的基础。通过深入学习和实践，学生将掌握更加先进和实用的技能，增强自信心和自我实现感。这不仅对于他们的职业发展有重要意义，还能够提高他们的终身学习能力和适应能力，使他们在面对未来的变化和挑战时更加从容自信。在现实工作中，人们不仅需要拥有高级技能，还需要具备沟通、协作和领导能力。因此，产业学院需通过团队项目、实践训练和社会实践等活动，培养学生的团队意识和合作能力。通过合作完成项目，学生能够了解团队合作的重要性，学会与他人合作，并共同实现目标。

3.技能更新和改进

在产业技能培养中，通过持续的技能更新和改进，可以不断提升学生的专业技能水平。以服装设计与工艺为例，产业学院不仅致力培养学生的基础技能，还要求他们能够跟随行业的发展，不断更新和改进自己的专业技能。产业学院通过持续的教学改革和课程更新，确保学生学习到最新的服装设计和工艺知识。学院与行业内的专家、设计师和工艺师紧密合作，了解行业最新趋势、技术和材料，并将其纳入课程内容。通过引入最新的设计理念、工艺技术和材料创新，可促使学生了解并掌握行业中最新的技能和方法。实际需要通过与行业合作和对接，密切关注服装设计与工艺领域的最新趋势和技术革新，同时要与服装企业、设计师、行业专家等建立紧密的合作关系，了解行业的最新需求和技术动态，针对性革新教学内容，确保学生获得的知识和技能与行业接轨。产业学院注重实践教学和项目实践的开展，让学生能够在真实的工作环境中进行实际操作实践。通过参与行业相关的设计比赛、展览和项目合作，学生能够更好地了解行业的需求和潜在的创新点，不断探索和改进自己的专业技能，培养自身创新意识和实践能力。另外，产业学院也应积极与企业进行技术交流和学术合作，为学生提供参与实际技术研发和创新项目的机会。通过与企业共同开展研究项目、解决实际问题，学生能够接触到前沿的技术和工艺，了解行业的最新发展，拥有更多机会去更新和改进自身的专业技能。此外，产业学院还重视终身学习的理念，鼓励学生参与继续教育和职业培训，具体可提供各种形式的继续教育课程、培训机会等，帮助学生不断跟进行业的发展，持续提升自身的技能水平。

（二）实践技能培养

1.现场实践

产业学院主要通过组织现场实践来达到培养学生实践技能的目标。通过亲身参与真实的工作实践，学生可以实际应用所学的知识和技能。在服装设计与工艺专业中，学生可以参与到实际的服装设计过程中。他们可以亲自观察和了解服装企业的运作流程，包括市场需求调研、设计构思、样衣制作、批量生产等各个环节，与企业员工进行互动和合作，从而提升自己的实际操作技巧和专业素养。学生还有机会参与各类时装秀或设计竞赛。通过参加时装秀，学生可以将自己的设计作品展示给专业人士和潜在的顾客，获取真实反馈，并在此过程中提升设计能力和审美素养，增强自信心和表达能力。产业学院还可以与相关企业合作，开展实践项目。例如，与服装品牌合作，让学生参与到新产品的开发过程中。与企业员工密切合作，学生可以了解行业的最新趋势和技术要求，并在实际操作中提升自己的实践能力。此外，模拟实验室也是培养学生实践技能的重要途径，学生可以利用先进的设计软件和设备，在实验室中进行服装设计、图案绘制、面料选择等实践活动。在此实践中，学生能够熟悉和掌握相关技术和工艺，并提升自己的实践操作能力。

通过这些现场实践方式，产业学院可为学生提供更加真实的学习环境，帮助他们在实践中获得宝贵的经验和技能。这样的实践培养不仅提升了学生的实际操作能力，还使他们能够更好地适应未来的工作环境，为产业发展做出贡献。

2.项目参与

通过引导学生参与实际项目，产业学院旨在让学生在真实的工作环境中应用所学知识和技能，提升他们的实践能力和解决问题能力。在服装设计与工艺专业中，通过参与实际项目，学生能够与行业专业人士直接接触和交流，了解行业的最新需求和趋势。他们可以通过与行业合作伙伴的合作，参与到真实的项目中，了解市场的需求和消费者的喜好。

这样的实践经验能够帮助学生掌握时尚潮流、风格趋势和市场变化，为他们的设计和创意提供实际的指导和参考。通过参与项目各个阶段的活动，如设计构思、样衣制作、面料选择和加工工艺等，亲身体验设计与制作的全过程，学生可了解设计与工艺之间的关系，加深对服装制作过程的了解，并提升实际操作技巧。学生还可以在真实的工作环境中进行实际操作，如裁剪、缝纫等。通过实际操作练习和反复实践，学生能够逐渐提高自己的操作技巧和效率，从而提升工艺品质和精确度。这样的实践培养旨在让学生毕业后能够胜任相关职业角色，为行业发展贡献自己的一份力量。

3. 实验室研究

产业学院开展实验室研究活动，是为了实现培养学生实践技能的目标。实验室研究为学生提供了一个探索和应用专业知识的实践平台，可培养他们的实际操作能力和科研素养。在服装设计与工艺专业中，学生可以在实验室进行各类实验和研究项目。例如，他们可以在实验室进行面料性能测试，了解不同面料的特性和适用性，为设计和工艺选择提供科学依据。此外，学生还可以利用实验室进行样衣制作和改良，通过不断的实验和验证，探索更优质的制作工艺和技术。在实验室研究中，学生还可以参与创新项目，进行新材料、新工艺和新设计研究。他们可以通过实验室的设备和工具，进行样品制作、图案设计、工艺改进等，不断探索和创新。实验室研究为学生提供了一个实际操作的平台，让他们能够深入了解和掌握行业的最新技术和趋势。此外，通过实验室研究，学生还可以培养自身科研能力和独立思考能力。在实验室中，学生需要提出问题、设计实验、收集和分析数据等，有助于培养自身科学研究素养和批判性思维能力。在实验室研究过程中，学生需要进行自主思考、解决问题，因此可以培养自身创新精神和解决实际问题的能力。

（三）创业技能培养

进行创业技能培养活动时，可激发学生的创新思维，为学生提供实践机会，培养学生的商业模式理解能力。

1. 创新思维训练

产业学院的目标之一是培养学生的创业技能，而组织创新思维训练则是其实现这一目标的重要途径之一。创新思维训练可以激发学生的创造力和创新潜能，培养他们在创业过程中所需的关键能力。产业学院通过各种创新思维训练活动，如创意设计比赛、创业项目策划、跨学科合作等，为学生提供了开放性和多样性的学习环境。通过参与创新思维训练，学生能够习得独立思考和解决问题的能力。他们将被鼓励去挑战传统思维模式，寻找新的解决方案。创新思维训练还有助于培养学生的团队合作和沟通能力。在创新的过程中，学生通常需要与不同背景和专业的人合作。他们需要学会倾听他人的观点，协调团队的利益，有效地沟通和协作。此外，创新思维训练还有助于培养学生的风险意识和应变能力。在创新的过程中，学生会面临各种不确定性和风险，但需要有勇气面对挑战并寻找解决方案。产业学院通过模拟真实的创业环境，为学生提供实践机会，使他们能够在相对安全的环境中学习进步。

2. 创业项目实践

产业学院作为培养学生创业技能的重要机构，主要通过开展各种创业项目实践活动来达到其目标。创业项目实践不仅是一种学习方式，还是一种能够将理论与实践结合在一起的有效途径。通过创业项目实践，产业学院能够提供给学生与真实创业环境接触的机会。在这样的环境中，学生可以亲身体验创业过程中的挑战和机遇，学习如何面对市场竞争、商业模式设计以及资源整合等实际问题。实践性学习有助于培养学生的创业意识和创业胆识，使他们更好地适应和应对创业环境中的变化和挑战。创业项目实践可以激发学生的创新思维和创造力。在创业项目实践中，学生需要面对各种问题和需求，寻找解决方案并加以实施，从而有效培养自身创新能力和创业精神。通过实践中的尝试和反思，学生能够不断完善自己的创新思维和创造力，并为未来的创业实践打下坚实的基础。此外，在创业过程中，学生通常需要与团队成员密切合作，共同解决问题、制订计划并推动项目的实施。在团队合作中，学生能够锻炼自身的沟通能力、协作能力和领导能力，最终成为具有团队精神和领导才能的创业人才。通过相关实践，学生能够将所学知识应用于实际情境，加深对知识的理解，提高知识运用能力。

3. 商业模式理解

在当今快速变化的商业环境中，了解和掌握当下的商业发展模式对于学生的创业至关重要。产业学院通过创业教育和实践项目，帮助学生应用他们所学的商业模式理念。学生将有机会参与创业项目，从而深入了解创业的各个方面。他们将学习如何制订商业计划，分析市场需求，设计产品或服务，制定销售策略，并最终将其商业模式转化为切实可行的创业项目。这样的实践经验将使学生更加深入地理解商业模式的重要性，并提高他们在实际创业中的能力和信心。通过引导学生理解当下商业发展模式，产业学院能够帮助学生认识到市场需求的多样性和变化性，促使他们灵活应对市场竞争和变化。学生将学习到如何根据市场需求和消费者行为来设计产品或服务，以及如何通过创新商业模式进行竞争。通过实践活动，学生将有机会与实际商业环境接触，了解不同行业的商业模式和运营方式，进一步加深对商业发展模式的理解和应用能力。此外，产业学院还可通过邀请行业专家和成功创业者来举办讲座和指导，为学生提供更多的商业实践启发。这些专家和创业者将分享他们的创业故事和经验，帮助学生了解商业模式在实际创业中的应用和影响。通过与这些专业人士的互动和交流，学生将获得宝贵的创业指导和启示，加深对商业模式的理解和运用能力。

二、产业学院的重要使命

（一）提供优质教育

1. 优秀师资

产业学院的重要使命之一是建立一支优秀的师资队伍，为学生提供优质教育。其一，优秀的师资队伍能够提高教学质量。他们具备扎实的学科知识和丰富的实践经验，能够将复杂的理论知识转化为易于理解和应用的形式，帮助学生高效学习进步。他们使用多种教学方法和策略，能够激发学生的学习兴趣和动力，提高学生学习效果和学习成就。其二，优秀的师资队伍能够为学生提供个性化的教育和指导。他们关注学生的发展需求和兴趣特点，通过与学生的互动和交流，了解他们的学习风格和学习困难，提供个性化的学术和职业指导，帮助学生发掘自己的潜力和兴趣，并培养他们的自信心和自主学习能力。其三，优秀的师资队伍能够培养学生的创新和实践能力。他们通过项目实践、实习和研究活动，为学生提供实际的工作场景，培养他们的创造力和解决问题的能力。其四，优秀的师资队伍还能够为学生提供职业发展支持和引导。他们与行业密切联系，了解行业的需求和趋势，能够向学生介绍就业市场的情况，并提供就业指导和职业规划建议。他们通过行业合作和实践项目，帮助学生建立行业网络和职业人脉，提供就业机会，为学生的职业发展奠定基础。在实现这一使命的过程中，产业学院可以通过制定合理的招聘和培养机制，吸引和培养优秀的教师；通过建立专业发展和评估体系，鼓励教师不断提升自身素质和教学能力；通过支持教师参与行业和学术研究活动，促进其教学专业能力提升。

2. 全面的课程

产业学院的重要使命就是构建全面的课程，为学生提供优质的教育。这一使命体现了产业学院作为教育机构的核心职责，即为学生的全面发展和未来职业发展提供良好的教育环境和教育资源。第一，全面的课程应该覆盖学科知识、实践技能、创新能力和综合素养等多个方面。产业学院应该通过深入了解产业的需求和发展趋势，结合学生的专业培养目标，设计和开设与产业发展密切相关的课程。这些课程不仅要包括理论内容，还应该包括诸多实践内容，帮助学生提高实际操作能力和解决实际问题的能力。第二，全面的课程应该注重专业知识和跨学科的融合。在产业学院的课程设置中，应该注重培养学生的专业技能和专业素养，使他们能够掌握所学专业的核心知识和技术。同时，还应该注重跨学科的融合，使学生能够拓宽视野，掌握多学科的知识和技能，提高解决问题的综合能力和创新能力。第三，全面的课程应该注重实践教学和项目驱动教学。通过实践教学，学生能够将所学知识应用到实际情境中，提高实际操作能力和解决实际问题的能力。而项目驱动教学可以使学生参与真实项目全过程，锻炼团队合作能力、创新思维和实际操作能力。第四，全面的课程应该注重学生的个性化发展和兴趣培养。产业学院应该尊重学生的个性和兴趣，为学生提供多样化的选修课程和发展机会，以满足学生的个性化需求。产业学院还应该关注学生的综合素养培养，如领导力培养、沟通能力培养、创新思维培养等，使他们成为适应未来职业发展的人才。

3. 学生导向

首先，产业学院作为学生的向导，需要为他们提供明确的职业规划和发展方向。通过接受职业规划指导和个性化的咨询服务，学生可以更好地了解自己的兴趣、能力和价值观，并结合行业需求，制定明确的职业目标。产业学院可以提供就业市场分析和职业前景预测，帮助学生做出明智的职业选择。其次，产业学院还需要进行专业知识和技能培养活动，使学生具备在特定领域成为专家的能力。通过丰富的课程设置和实践教学，产业学院可使学生掌握行业所需的专业知识和技能。产业学院应该与行业紧密合作，了解最新的行业发展动态，以及时调整和更新课程，确保学生学到的知识和技能与实际需求一致。另外，产业学院还应该培养学生的创新思维和问题解决能力。创新能力在现代产业中至关重要，产业学院可以通过开展创新教育和科研项目，激发学生的创新潜力和创造力。产业学院作为学生的向导，还应该为他们提供实践机会，使他们能够将所学知识应用于实际工作，获得宝贵的工作经验。产业学院可以与行业企业建立紧密的合作关系，提供实践项目、实习机会和就业推荐等，帮助学生顺利过渡到职场，并获得更好的就业机会。总之，产业学院作为学生的向导，不仅要传授知识和技能，还要引导他们实现个人价值和职业发展目标。

（二）创新教育模式

在现代社会中，传统的教育模式已经无法满足不断变化的产业需求和学生个性化发展需求。因此，产业学院要通过创新教育模式，致力培养适应产业发展的高素质人才。

1. 灵活的学习方式

传统的教学模式通常以课堂讲授为主，但这种模式在满足实践需求和培养创新能力方面存在一定的局限性。产业学院通过引入灵活的学习方式，如项目学习、实践实习等，可让学生在真实的场景中学习和实践，提高实际操作能力和问题解决能力。通过项目学习，学生可以深入了解产业实际操作流程和行业需求，提前感受和解决实际问题。此外，实践实习也是产业学院倡导的灵活学习方式之一。学生可以通过实习机会，进入真实的企业环境进行实践，将所学的理论知识应用到实际工作中，提升专业能力和实际操作能力。学习方式的灵活性还体现为课程设置的灵活性和学习时间的自主性。产业学院根据学生的实际需求和产业发展的要求，提供多样化的课程选项，让学生能够根据自身兴趣和目标选择和定制学习路径。同时，学生在学习时间上也要有更多的自主权，可以根据个人情况进行时间安排，更好地平衡学习和其他活动。灵活的学习方式不仅能够更好地满足学生的个性化需求，提高学生学习的积极性和主动性，还可使教学过程更加贴近实际产业需求，培养出更具实践能力和创新能力的人才。通过灵活的学习方式，产业学院能够更好地培养适应快速变化的产业环境和需求的人才，为产业的发展注入活力和创新力。

在创新教育模式方面，产业学院的灵活学习方式为学生提供了更广阔的发展空间，使他们能够全面发展、发掘自身潜力，为未来的职业发展打下坚实的基础。同时，灵活的学习方式也有助于提高学生的自主学习能力和终身学习能力，使他们能够适应不断变化的产业环境，持续提升自己的职业竞争力。

2. 项目为导向的学习

传统的教学模式注重知识的传授和学科的划分，而忽视了知识的整合和应用。产业学院通过将项目融入学习过程，使学生能够在实际项目中将所学知识与实践结合在一起，培养学生的综合素质。项目为导向的学习使学生能够直接参与真实的项目，在解决实际问题时应用所学的理论知识。通过参与项目，学生慢慢可以从更全面的角度来认识和理解知识，培养创新思维和实践能力。在项目为导向的学习中，学生通常会组成小组或团队，共同合作完成项目任务。这样的学习方式有助于培养学生的团队合作能力，使他们在团队中学会倾听他人的意见，相互协调和配合，共同解决问题。通过项目为导向的学习，学生能够获得更加深入和全面的学习体验，提高学习效果。

3. 个性化教育

产业学院充分认识到每个学生都是独特的个体，要注重挖掘和发展他们的个性化需求。在个性化教育方面，产业学院需采用多样化的教学方法和资源，以满足学生的个体需求。例如，学院可以根据学生的兴趣和特长提供不同的选修课程，让学生选择符合自己兴趣的领域进行深入学习。学院还可以为学生提供个性化的辅导和指导，帮助他们解决学习中的困惑和问题。产业学院应注重培养学生的自主学习能力和自我发展能力。学院可为学生提供丰富的学习资源和平台，鼓励他们积极参与自主学习和研究项目。学生可以根据自己的兴趣和需求选择学习内容和学习方式，自主掌握知识和技能，并通过反思和总结不断完善自己的学习过程。此外，产业学院的教师和辅导员应密切关注每个学生的学习情况和发展需求，为他们提供个别指导和帮助。教师可以根据学生的学习特点和进度，提供有针对性的教学方法和辅导措施，帮助学生充分发挥自己的优势和潜力。通过个性化教育，产业学院能够更好地满足学生的发展需求，帮助他们实现个人目标。个性化教育模式可激发学生的学习兴趣和动力，培养他们的自主学习能力和创新思维，提高他们的自信心和综合素质。

（三）引导产业发展

产业学院在引导产业发展时，要与行业紧密合作，培养行业人才，推动产业创新等。

1.与行业紧密合作

产业学院作为教育机构，与行业企业建立稳固的合作关系，是为了更好地了解行业的需求和趋势，以便指导学生获取与实际工作相关的经验，并为行业提供人才支持。这种合作关系中双方是相互依存的，行业企业需要产业学院为其培养出具备实际工作能力和专业知识的人才，而产业学院则需要行业的支持和参与，使其教育能够紧密结合实际需求。通过与行业的紧密合作，产业学院能够及时了解行业的最新动态和技术发展，为学生提供实践性学习环境，帮助他们更好地适应行业工作。产业学院与行业合作还可以为学生提供更多的实践机会，使他们能够更好地了解行业内部运作，并在实践中提升专业能力和创新意识。此外，通过与行业的合作，产业学院能够开展实用性的研究和技术服务活动，为行业提供解决方案和技术支持，推动行业的创新发展。产业学院通过与行业的紧密合作，能够将学术知识与实践经验结合在一起，培养出与行业紧密对接的高素质人才，同时也为行业的发展提供专业的支持和智力资源。合作关系的建立不仅有助于学生的就业和行业的发展，还可促进教育与产业的有机融合，实现产教融合目标，推动产业的长期发展和升级。总之，产业学院与行业的紧密合作对于产业发展具有重要的意义和作用。

2. 培养行业人才

产业学院应当紧密关注行业的需求，通过专业课程设置和教学方法创新，培养行业所需的高素质人才。在培养行业人才方面，产业学院应注重理论与实践的结合，在传授学生行业知识的同时，提供充足的实践机会，使学生能够将所学理论应用到实际工作中去。例如，产业学院可以与行业企业合作，提供实习、实训等实践机会，使学生在真实的工作环境中学习和实践，加深对行业的了解和熟悉程度。除了以上所述，学院还应注重学生创新能力、团队合作能力、沟通能力等综合素质的培养。同时，产业学院还应积极引导学生参与相关竞赛活动。通过参与相关竞赛，学生就可接触到真实的行业问题和挑战，提高解决问题的能力和创新思维能力，同时能够在与同行业人才的交流和竞争中实现综合发展。另外，产业学院还应积极与行业企业进行对接，了解行业的最新需求和趋势，及时更新和调整专业课程设置，培养出与行业相匹配的高素质人才。

3. 推动产业创新

产业学院作为一种新型的学校组织形式，在推动产业创新方面承担着重要使命。产业创新是指在产业发展过程中，通过引入新技术、新产品、新服务和新模式，促进产业的升级和转型，提高企业的竞争力和市场份额。产业学院作为与企业紧密结合的教育机构，具有独特的优势和功能，可以为产业创新提供支持和推动力。首先，产业学院可以通过与企业合作开展科研项目，促进产业技术创新。产业学院聚集了一批具有丰富经验和专业知识的教师和研究人员，他们可以与企业的技术团队进行深入合作，共同解决产业发展中的技术难题。通过产学研合作模式，产业学院能够将学术研究与实际应用紧密结合在一起，促进科技成果的转化和推广，为产业的创新提供技术支持和解决方案。其次，产业学院还可以通过开展技术服务和创新实践，为企业提供专业的技术支持和咨询服务。产业学院具有一定的技术资源和实践经验，可以为企业提供技术咨询、项目评估、产品测试等服务，帮助企业解决技术难题，提升技术水平。同时，产业学院还可以组织学生参与产业创新实践，通过与企业合作开展实际项目，培养学生的创新意识和实践能力，为企业的创新注入新的活力。产业学院与企业紧密合作可以为学生提供更多的实习机会，使他们能够深入了解企业的运作和需求，培养具备产业创新能力的人才。

（四）促进学生就业

1.提供就业指导

产业学院通过提供就业指导，帮助学生更好地规划和准备就业。这一使命的核心在于产业学院为学生提供全面的就业支持和指导，以提高他们在就业市场中的适应能力和竞争力。

在就业指导方面，产业学院可以设立专门的就业指导中心或就业服务部门，为学生提供个性化的就业咨询。通过与学生进行个别面谈，就业指导师可以了解学生的兴趣、能力和职业目标，并根据个人情况提供相应的建议和指导。产业学院的就业指导可以包括就业形势分析、求职材料准备、面试技巧培训等方面的内容。就业指导师可以向学生介绍当前的就业市场情况，包括行业趋势、职位需求和竞争状况等，帮助学生了解就业形势并制定相应的求职策略。同时，就业指导师还可以帮助学生撰写和完善求职材料，包括简历、求职信等，以提高其吸引力和竞争力。此外，就业指导师可以通过模拟面试、面试技巧培训等方式，帮助学生熟悉面试过程，提高应对面试的能力。除了个别指导，产业学院还可以组织就业相关的培训活动，如职业技能讲座、求职培训课程等。通过参与这些培训活动，学生能够更好地了解职场要求，提高自身的职业素养和职业竞争力。在就业指导过程中，产业学院可以与校外资源建立合作关系，如企业、行业协会、人力资源公司等，开展企业讲座、招聘活动等，为学生搭建与用人单位交流的平台，加强学生与实际工作环境的联系。

2. 建立校企合作网络

产业学院与企业建立合作网络，是为了为学生提供更多的就业机会。这一举措在促进学生就业方面起到了关键作用。为了建立校企合作网络，产业学院与企业之间需要建立稳固的合作关系。通过与企业的紧密联系，学院能够更准确地把握就业市场的需求，为学生提供与实际工作相关的实践机会。产业学院与企业合作开展项目，共同进行研发和创新，不仅能够提供给学生参与实际工作的机会，还能够使学生接触到最新的行业技术和发展趋势。此外，学院还可以与企业合作建设实习实训基地，为学生提供实践机会和就业渠道。校企合作网络的建立不仅有利于学生的就业，还可使学院更好地了解企业的需求和行业的发展趋势，以科学调整课程设置和教学内容，使其更贴近企业需求。学院还可以邀请企业专家来校授课，为学生提供直接的工作指导。

3. 培养就业技能

产业学院在培养学生就业技能方面扮演着重要角色。产业学院应注重培养学生的职业素养、实际操作能力和团队合作能力，以满足就业市场的需求。学院可设计与行业需求相匹配的课程，包括理论学习和实践操作，使学生能够掌握专业核心知识和技能。同时，学院应将课程内容与实际工作场景结合在一起，通过案例分析、项目实践等方式，培养学生解决问题的能力。在实践教学方面，产业学院应为学生提供广泛的实习和实训机会。通过参与实践教学，学生能够掌握课堂知识应用技能，增强职业竞争力。此外，产业学院应注重培养学生的团队合作能力。现代职场强调团队合作和协作能力，产业学院可通过小组项目、团队作业等方式，培养学生的团队合作精神和沟通协调能力。学生在团队合作中可学会倾听他人意见、解决冲突和有效协作，提高团队合作能力，为未来适应工作环境做好准备。除了专业知识和技能的培养，产业学院也应注重培养学生的创新思维。具体而言，产业学院可通过开展创新项目、科研活动等方式，激发学生的创新意识和创造力，培养学生独立思考的能力。

第三节　产业学院的特点及运行方式

一、产业学院的特点

（一）具有深厚的历史渊源

产业学院作为一种新型的学校组织形式，具有深厚的历史渊源，其发展可以追溯到早期的职业教育和行业培训。中国早期的职业教育和行业培训起源于中国改革开放的进程中。在此之前，普通教育受到了更多关注，而职业教育和行业培训发展相对欠缺。随着经济发展和产业结构调整，中国开始重视职业教育和行业培训的发展。1978年中国改革开放以来，为了满足经济发展对人才的需求，职业教育和行业培训逐渐受到重视并得到了发展。早期进行职业教育和行业培训的主要包括技工学校和职业学校等。技工学校注重培养学生的实际操作技能，以满足工业和制造业对技术工人的需求。职业学校则注重培养学生的职业素养和专业能力，为不同行业提供有用人才。在早期的职业教育和行业培训中，教育机构与企业的合作是至关重要的。学校与企业合作开展实践教学和实习实训活动，可使学生在真实的工作环境中获得实际经验。企业提供实践机会和教育资源，与学校共同培养人才，使教育与行业需求更加契合。此外，行业培训也是早期职业教育的重要组成部分。各行业通常根据自身的需求，组织开展针对员工的培训活动。实际当中，行业协会、企业或政府组织，通过举办培训班、技能比赛、讲座等，提高员工的技能水平和职业素养。

在中国改革开放的进程中，为了适应经济发展和产业结构调整的需要，职业教育得到了越来越多的重视。职业学校和技工院校等职业教育机构涌现出来，以培养具备实际操作技能的技术人才为目标。这些职业教育机构与企业密切合作，通过实践教学和行业培训，为产业的发展提供了重要支持。随着社会经济发展和产业变革，传统的职业教育模式已经不能满足现代产业发展的需求，于是产业学院应运而生。产业学院将传统职业教育的优点与现代产业需求结合起来，致力培养适应产业发展需求的高素质人才。

产业学院积极与企业进行合作，根据产业发展的需求，调整和完善专业设置和课程体系。通过与企业合作开展实践项目和研究活动，可使学生在实际工作中获得更多的实践经验和技能。同时，产业学院还注重教师队伍的培养和专业化建设，为教师提供行业实践和职业发展的机会，提升教师的专业素养和教学水平。

产业学院的发展得到了政府的支持和重视。政府出台了相关政策和指导文件，鼓励和支持产业学院的建设和发展。国家和地方层面提供了资金支持、政策倾斜和制度保障，为产业学院的发展提供了良好的环境和条件。

（二）社会需求逻辑驱动改革

产业学院的发展受到了社会需求逻辑的驱动，而随着经济社会的发展和产业结构的变革，社会对高素质、适应产业发展人才的需求日益增长。社会需求逻辑驱动了产业学院的创新和发展，使其成为教育领域的重要组成部分。

1. 社会需求逻辑驱动了产业学院的定位和发展方向

在现代社会中，传统的教育体系面临着与产业需求脱节的问题，因此产业学院应运而生。产业学院通过深入了解和把握社会需求，将其视作驱动教育改革和创新的逻辑基础。社会需求逻辑促使产业学院对产业发展的需求进行更深入的理解，把握关键技能、知识和能力的培养方向。

产业学院紧密关注行业发展的趋势和需求，通过与企业合作开展实践项目、产学研合作等方式，与产业实践密切结合，并不断调整教育内容和培养模式，以满足社会对于人才的需求。社会需求逻辑驱动了产业学院的定位，使其能够更好地适应产业发展的需要，并能够培养出具备实践能力和适应性的专业人才。产业学院通过与行业企业的紧密合作，充分了解行业需求和趋势，通过调整和优化课程设置、实践教学和实习实训等方式，传授给学生与产业实践相契合的专业知识和技能，以有效提高学生的就业竞争力，同时促进产业的创新和发展。

2. 社会需求逻辑驱动了产业学院与企业的紧密合作

产业学院的特点之一是社会需求逻辑驱动了产业学院与企业的紧密合作。社会对于高素质、适应产业发展的人才的需求日益增长，这促使产业学院与企业之间建立起紧密的合作关系。产业学院通过与企业的紧密合作，实现了教育内容与产业需求的深度匹配。学院与企业共同开展实践项目、行业合作等活动，以确保学生在学习过程中能够获得与实际工作相关的经验。紧密合作的模式使学生能够更好地了解行业的需求和趋势，提前适应职场要求。与此同时，产业学院与企业的紧密合作也带来了更多的实践机会和就业渠道。通过与企业的合作，产业学院可使学生进入真实的工作环境，进行实践活动，以增强学生的实际操作能力，有助于学生以后就业。通过与企业共同开展科研项目、技术服务等活动，产业学院能够与企业共同推动产业的创新发展。学院能够从企业的实践经验中获取灵感和创新思路，同时也能够为企业提供专业的技术支持和解决方案。

3. 社会需求逻辑驱动了产业学院的课程设置和教学模式创新

在课程设置方面，产业学院根据社会需求和行业发展趋势，开设与产业相关的专业课程。课程内容紧密结合实际工作需求，注重理论与实践的结合，旨在培养学生的实际操作能力和解决问题的能力。产业学院还积极引入新技术、新知识，关注前沿领域的发展，使课程内容保持与产业发展同步。

在教学模式方面，产业学院注重实践教学和项目实训，以提高学生的实际操作能力。学生通过参与实际项目、实习实训等方式，与企业合作解决实际问题，将所学的理论知识应用于实际情境。

4. 社会需求逻辑驱动产业学院的创新能力培养

社会需求逻辑驱动产业学院将创新能力培养当作重要的教育目标。现代产业对创新能力的需求越来越强烈，而传统教育体系在这方面往往存在不足。产业学院通过与企业的合作，将创新融入课程设置和教学模式，激发学生的创新潜力。产业学院通过开展实践项目和实践教学，为学生提供了锻炼创新能力的平台。学生可以参与产业学院与企业合作的项目，面对真实的问题和挑战，发挥创造力和创新思维，提出解决方案并进行实践。这种实践环境培养了学生的创新意识、团队合作精神和解决问题的能力，为他们将来在职场中应对各种挑战奠定了基础。除了实践项目，产业学院还鼓励学生参与创新竞赛和科研活动。学院可以组织各类创新竞赛，为学生提供展示创新成果的平台，激发他们的创新热情和竞争意识。同时，学院还鼓励学生积极参与科研项目，培养学生的科研能力和创新思维，提高他们解决实际问题的能力。通过以上措施，产业学院在培养学生创新能力方面可取得积极成果。

（三）基层探索与顶层设计有机结合

产业学院的发展既有基层探索的特点，也有顶层设计的指导。这种双重特点使产业学院能够在实践中不断探索创新，并在政策层面得到指导和支持。

基层探索是产业学院发展的重要特点之一。产业学院通过与企业的合作、实践项目的开展以及教学模式的改革等，积极探索适应地方产业需求和学生培养的最佳实践方式。国家鼓励一些有条件的地方和高校创建示范性产业学院，以在实践中积累经验，为其他地方和学校提供借鉴和参考。国家通过建立监测评估机制、加强学院评审和监督等方式，对产业学院的发展进行监测和评估，确保其在基层探索中能够取得实效。基层探索是从实践中积累经验，不断优化教学和培养模式的过程。通过与企业的合作，产业学院能够更好地了解行业需求、把握技术动态，并将其融入课程设置和教学实践。

同时，产业学院的发展也得到了顶层设计指导。国家和地方层面针对产业学院的发展进行政策制定和规划引导，为其提供了战略指导和政策支持。首先，国家出台了相关政策文件和规划指导。例如，《关于深化现代职业教育体系建设改革的意见》《现代产业学院建设指南（试行）》等文件，明确了产业学院的定位、目标和发展路径。这些政策文件提供了发展产业学院的总体框架和方向，指导各地区和院校产业学院建设具体实践。其次，国家设立了专门的基金和项目，用于支持产业学院的建设和发展。例如，国家职业教育改革发展基金、产业学院建设专项资金等，为产业学院提供了经费支持。这些资金的投入有助于产业学院的教育质量提升、师资队伍建设、实践基地建设等。顶层设计从宏观层面规划和引领产业学院的发展方向和目标，推动产业学院向规范化、科学化发展。政策制定和规划指导使产业学院能够在发展中保持一定的统一性和稳定性，提升教育质量和培养效果。此外，国家还推动产业学院之间的合作与交流。国家组织产业学院交流研讨会、学术会议等，促进不同产业学院之间的经验分享和合作，强化合作项目的联动效应。通过跨地区和跨学科的合作，产业学院能够更好地借鉴和分享各地区的成功经验，推动产业学院的共同发展。

基层探索与顶层设计的有机结合是产业学院发展的重要特点。基层探索提供了实践经验和教学创新基础，顶层设计为产业学院的发展提供了指导和支持。

二、产业学院的运行方式

（一）以强化顶层设计为引领

产业学院以强化顶层设计为引领，注重规划和整合资源，确立目标和发展方向。顶层设计是产业学院发展的重要指导原则，主要涉及学院的战略规划、组织架构、教学模式和合作伙伴等方面。

在强化顶层设计的过程中，产业学院注重规划和明确学院的使命和愿景。通过明确使命和愿景，学院能够确立自身的定位和价值，明确发展方向。学院先进行使命和愿景规划，明确学院的核心目标和发展方向。使命是学院存在的根本理由，而愿景则是学院对未来发展的追求。在明确使命和愿景的基础上，学院进行战略规划和发展规划。战略规划包括确定学院的长期发展目标和策略，确定学院的核心竞争力和优势特点。发展规划则是根据学院的使命和愿景，制定具体的发展计划和行动方案，包括课程设置、师资队伍建设、科研与实践项目等。学院在顶层设计过程中还注重整合资源，包括教育资源、实践资源和合作资源等。教育资源包括学院内部的教学设施、图书馆、实验室等，以及教师团队的专业知识和教学经验。实践资源包括与企业和社会资源合作，为学生提供实践机会和实践项目。合作资源包括与企业、行业协会等建立合作关系，共同推动产学研用的深度融合。通过整合资源，学院能够更有效地利用现有资源，提高教学质量和学院的整体竞争力。学院可以利用教育资源为学生提供高质量的教学环境和学习资源，通过与企业合作利用实践资源，提供在实际工作场景中学习的机会。同时，学院还可以与企业合作开展产学研用项目，提供专业支持和解决方案。

在顶层设计中，产业学院也需要确立目标和发展方向。为了确保目标的实现，产业学院还需要制定相应的策略和计划，并制定相应的指标，构建评估体系。这有助于确保目标的可操作性和可衡量性，使学院能够监测和评估目标的实现情况，并根据评估结果进行相应的调整和改进。

在制定发展方向时，学院应该紧密结合产业的发展方向，关注行业的发展趋势和需求。学院可以与行业企业和专业机构进行合作，了解行业的最新动态和发展需求。通过与行业的合作，学院可以获得行业的支持和资源，并确保学院的发展与行业的需求保持一致。此外，学院还需要建立有效的绩效评估体系，以激发教师和相关工作人员的工作积极性，顺利发展。同时，学院需要建立良好的沟通渠道和协作机制。沟通是组织管理的重要环节，学院应该建立起畅通的内部沟通渠道，使各级管理人员和教职员工能够及时分享信息、交流意见，并能够有效地解决问题和协调工作。学院应鼓励和支持教师和工作人员之间的合作，以及与企业、行业等外部合作伙伴的协作。

（二）以完善组织架构为基础

产业学院以完善组织架构为基础，建立科学合理的管理体系和运行机制，以确保学院的正常运行和有效管理。在组织架构方面，产业学院设立了不同的管理层级和部门，以保障各项工作有序推进。学院设立院级领导机构，由院长或校领导负责进行整体管理和决策。在院级领导机构下，设立不同的职能部门，如教务处、学生工作处、科研与合作处等，各部门负责不同的工作职能，协同配合完成学院的各项任务。在管理体系方面，产业学院构建了科学合理的管理机制，以确保决策的科学性和高效性。学院制定了相关的管理制度和规章制度，明确了工作流程、责任分工和工作标准，为教职员工提供明确的工作指导和规范。学院注重信息化建设，运用先进的信息技术管理系统，实现信息共享和数据化管理，提高工作效率和决策的准确性。学院还注重建立良好的沟通渠道和协作机制，以促进内外部之间的顺畅沟通和密切合作。学院设立定期会议制度，如院务会、学术委员会等，以就重要事务进行讨论和决策。此外，学院还鼓励教职员工进行交流和合作，促进资源共享和协同创新。为了保证管理体系的有效运行，学院加强了对管理干部的培训，旨在提高其管理能力和专业素养。学院注重激励机制的建立，通过设立奖励制度和晋升机制，激发管理人员的工作积极性和创造性。

（三）以聚焦工作内容为关键

1. 师资共培，打造双师型教学团队

师资共培，打造双师型教学团队是产业学院的一个重要特点。产业学院注重教师的培养和发展，致力提高教师的专业素养和教学能力，以为学生提供优质的教育资源。在师资共培方面，产业学院与企业合作，通过与企业合作开展实践项目、进行产业研究等，使教师有机会参与产业实践，从而深入了解产业的最新动态和需求，掌握实际工作经验和技能，并将此传授给学生。同时，产业学院还注重教师的专业发展。学院需鼓励教师参与学术研究、行业交流等活动，不断提升自身的学术水平和专业素养。通过参与研究项目和学术会议，教师能够与行业专家和学者进行深入的学术交流，拓宽自己的学术视野，为教学内容的更新和创新提供支持。产业学院还注重构建双师型教学团队，具体包括学院教师和行业专家。学院教师具备丰富的教学经验和学科专业知识，能够传授学科理论和学术知识；而行业专家则能够将实践经验和行业洞察力带入教学，使学生获得实践技能，加深对行业趋势的了解。通过师资共培和双师型教学团队的建设，产业学院能够更好地将理论知识与实践经验结合在一起，对学生进行全面教育。学生可以从教师和行业专家身上获得学科知识、专业技能和职业素养方面的指导和启发，为未来的职业发展打下坚实基础。在产业学院的师资共培过程中，教师和企业之间的互动与合作是至关重要的。教师通过与企业的合作，了解企业对人才的需求和行业的发展趋势，从而能够更好地指导学生的学习和职业发展。另外，企业也可以通过与教师的合作，促进产学研用的有机结合。

2. 课程共创，制定层级式人才培养方案

课程共创是产业学院与企业共同努力的结果。学院与企业紧密合作，共同制定课程内容和教学计划，确保教学内容与实际工作紧密结合。在课程共创中，可充分借鉴企业的实践经验和最新技术，使课程内容具有时代性和实用性。制定层级式人才培养方案是为了满足对不同层次人才的需求。产业学院根据不同层次的人才需求，可制定一套层级分明的培养方案。例如，针对初级岗位的人才，学院传授基础知识和实践技能，使其能够掌握基本操作技能；对于中级岗位的人才，学院传授更深入的专业知识和技能，使其具备较高水平的操作能力和创新能力；对于高级岗位的人才，学院提供更深入的专业知识、管理技能和领导能力学习机会，使其能够胜任复杂的工作。课程共创和制定层级式人才培养方案有助于产业学院培养与产业相匹配的高素质人才。这种合作模式确保了学生在学习过程中获得与实际工作相关的知识和技能，提高职业竞争力。同时，个性化的人才培养方案能够满足不同学生的发展需求，使他们能够在职场中有所作为。

3. 项目共研，搭建产学研用服务平台

项目共研是产业学院与企业合作的重要形式之一。产业学院与企业共同开展研究项目，旨在解决行业中的关键问题和挑战。学院的教师和学生通过与企业的合作，深入了解企业的需求和现实情况，并与企业共同研究和开展项目，探索创新解决方案。通过项目共研，产业学院能够提供切实可行的解决方案和技术支持，促进企业的创新能力和竞争力显著提升。另外，搭建产学研用服务平台是产业学院为企业提供技术支持和解决方案的重要举措。学院通过与企业的合作，建立起一个平台，可促使学院的教学、科研和技术服务资源与企业的需求相结合。该平台可以为企业提供技术咨询、新产品研发、工艺优化等方面的支持，帮助企业解决实际问题和提高生产效率。通过项目共研和搭建产学研用服务平台，产业学院能够充分发挥自身的优势和资源，与企业紧密合作，共同探索和解决实际问题。通过与企业的合作，学院能够更好地了解产业需求，为企业提供定制化的解决方案和技术支持，推动产业的创新和发展。同时，学院的教师和学生也能够通过参与项目共研和服务平台的活动，获得实践经验和应用技能，提升自身的专业能力和竞争力。

4. 就业共助，凸显创新创业人才培养

产业学院注重就业共助，旨在为学生提供全方位的就业支持和帮助。学院通过提供就业指导和职业规划服务，帮助学生了解就业市场的需求和趋势，提供求职技巧和面试准备等方面的指导。这种共助的模式使得学生能够更好地适应就业环境和求职流程，提高自身就业竞争力。与此同时，产业学院着重培养创新创业人才，强调创新创业教育的重要性。通过创新创业教育课程、创业实践项目等，学院致力培养学生创新思维、发展学生创新能力，并提供创业资源和指导，激发学生的创业意识和创业潜能。这种创新创业人才培养的共助机制有助于学生毕业后积极创新，为社会和经济发展做出贡献。在就业共助和创新创业人才培养方面，产业学院采取了多种策略和措施。首先，学院建立与企业和创业者的合作关系，通过校企合作项目和创业导师制度等，提供实践机会和创业资源，使学生能够了解实际工作环境和创业过程，并从中获取经验和指导。其次，学院注重培养学生的创新意识和创业能力，通过开展创新创业教育活动和竞赛，激发学生的创新思维和创造力。学院组织创新创业讲座、研讨会和实践活动，为学生提供交流和展示的平台，促进他们在创新创业领域的成长与发展。此外，产业学院还积极推动创新创业的生态系统建设，促进学生与创业资源对接。学院与创业孵化器、投资机构、产业园区等建立合作关系，为学生提供创业基地、融资渠道和导师指导等资源支持，培养他们的创业能力。

5. 资源共享，建设校企发展共同体

资源共享是产业学院与企业之间密切合作的核心要素。学院与企业建立紧密的合作关系，共享各自的资源和优势。学院通过与企业的合作，能够获取企业的实践经验、技术资源、市场渠道等，为学生提供更丰富的实践机会和就业岗位。同时，学院也为企业提供技术咨询、人才培养等方面的支持，促进企业的发展和创新。资源共享使得学院和企业能够在资源配置上实现互利共赢，共同推动产业的发展。建设校企发展共同体是产业学院与企业合作的目标之一。通过建设校企发展共同体，学院与企业之间可形成更加紧密的合作关系。学院与企业共同制定发展战略和规划，推动产学研用深度融合。学院与企业建立长期稳定的合作关系，开展项目合作、科研合作、人才培养等方面的合作活动。在校企发展共同体中，学院和企业还可以进行共同创新和研发。通过共同研究项目、技术创新等，学院与企业合作解决产业实际问题，推动产业的创新和发展。

第四节　产业学院的热点与发展走向

一、产业学院的热点

（一）产业学院的生成逻辑与价值

1. 产业学院的生成逻辑

（1）劳动力市场需求。在探讨产业学院生成逻辑的多重要素时，尤其要关注劳动力市场需求。这种需求既包括现存岗位对专业技能人才的迫切需要，也包括未来新兴行业对高素质劳动力的长期需求。

随着经济的发展和社会的进步，产业结构不断优化，尤其是以知识和技术为驱动力的产业迅猛发展。据笔者所知，未来十年全球将会有大量的新职业出现，而这些新职业对具有专业知识和技能的人才需求旺盛。例如，在数字化、智能化、绿色化的大趋势下，服装设计与工艺专业的人才将迎来更广阔的职业前景。他们不仅需要对设计理念有独到的见解，还需要掌握数字化设计工具、理解可持续发展理念、具备工艺改良和创新能力。

事实上，已经可以观察到劳动力市场对产业学院产生的影响。在过去五年的时间里，服装设计与工艺专业人才需求增长了26%，并且增长趋势持续保持。这体现了劳动力市场对于产业学院的明确要求，同时也是对产业学院教育模式的肯定。产业学院不仅为学生提供了与市场接轨的专业教育，还为他们提供了充分的实践机会，使他们在毕业后能迅速适应工作环境，满足劳动力市场的需求。

另外，未来劳动力市场的需求影响产业学院的教育理念和教学方法。在全球化和数字化的背景下，劳动力市场需要的是具备跨领域知识、灵活应变能力、创新思维和团队协作能力的复合型人才。为了满足这种需求，产业学院可在教学内容和教学方式上进行创新，如加强与企业的合作，推进项目化学习，以求更好地培养学生的实践能力和创新能力。

（2）高等教育的变革。高等教育在近几十年一直在变革中前行，其形式和内容都经历了深刻的转变。这些变革犹如巨大的涌浪，冲击着教育的海洋，进而影响了产业学院的生成逻辑。

对高等教育进行深度挖掘可发现，高等教育过去的重心更多在于传授理论知识，以满足社会各行各业对熟练工种的需求。然而，随着社会经济的发展和技术的日新月异，高等教育工作者开始寻求一种新的发展方向，让学生在获取理论知识的同时，也能获得实践经验。

正是在这样的变革背景下，产业学院应运而生。产业学院作为一种教育形式，独特的地方在于强调知识与实践的结合。在产业学院，学生不仅可以深入理解学科理论知识，还能获得实践经验。这种以实践为导向的教育模式，使得学生在毕业时就能够拥有丰富的经验和独立处理问题的能力，以更好地适应工作环境，更早地适应社会，逐步成为行业内的专业人士。

另外，随着技术进步和产业升级，社会对于人才的需求越来越专业化。对于一些专业领域的知识和技能，人们需要接受专门的训练和教育才能掌握。传统的大学教育往往只传授广泛的基础知识，所以无法满足特殊需求。产业学院则通过与特定产业紧密结合，针对性地进行教育和培训，培养专业人才。

（3）技术进步与产业升级。在全球经济发展的广阔舞台上，技术进步与产业升级被赋予了历史主角角色，进而催生出一种新的教育模式——产业学院。特别在新兴的产业领域，如人工智能、大数据、生物科技等，随着技术的迭代更新，产业对于专业人才的需求也呈现出前所未有的增长趋势。此时，传统的高等教育模式可能面临无法满足这些需求的窘境，而在此情况下，产业学院应运而生，并逐步成为响应技术进步与产业升级，推动人才培养的重要载体。

审视技术进步对产业学院生成逻辑的影响，必须提及的是产业4.0革命。这场由数字化、网络化和智能化技术驱动的产业变革，使得产业生产过程中需要更高的技术精度和创新能力。根据国际机器人联盟（IFR）的报告，仅在2022年，全球工业机器人的销量就达到了41.7万台，比上一年增长了12%。这是对技术进步影响下产业结构调整的直观反映，也对高等教育提出了新的挑战：如何培养出可以熟练应用这些先进技术，适应产业升级的专业人才。技术进步与产业升级的趋势，对于产业学院的诞生具有深远的影响。产业学院的课程设计与教学方法，需紧密结合行业的实际需求，培养学生的技术应用能力，深化他们对技术原理的理解。比如，在智能制造专业，学生不仅要学习如何操作机器人，还要理解机器人的工作原理和编程方法。这样的课程设计，使得产业学院的学生在毕业后能够更快地适应职场，满足行业的需求。而且，产业学院还通过与企业紧密合作，组织学生参与实际的技术训练和实习项目。这样的教育模式，使得学生在校学习期间就能够了解并接触到行业的最新技术和实际操作，大幅提升就业竞争力。例如，笔者所在的服装设计与工艺专业，与多家知名服装品牌合作，学生在学习期间就可以参与到实际的服装设计和生产过程中，从而掌握最新的设计理念和技术。因此，技术进步与产业升级不仅催生了产业学院这样的新型教育模式，还决定了产业学院的教育理念和教学方法。产业学院注重理论与实践相结合，注重培养学生的技术应用能力和创新精神，以满足社会对高技能人才的需求。

2. 产业学院的价值研究

对于产业学院的价值，特别是在服装设计与工艺专业的学术背景下，可以从多个角度进行解读。具体而言，可以从职业教育和培训、创新和创业、产业发展三个方面展开：

（1）职业教育和培训。产业学院的第一个价值在于职业教育和培训。根据中国国家统计局2023年的数据，中国服装产业涉及的从业人员数量超过4 000万。然而，高素质的技术工人和设计师却供不应求。产业学院在这里扮演着重要的角色，其通过结合理论知识和实际操作，培养出大量熟练技术人员和有创新思维的设计师，从而弥补这一人才短板。

（2）创新和创业。产业学院的第二个价值是创新和创业。产业学院不仅提供专业的知识教育，还致力培养学生的创新思维和创业精神。例如，上海华东理工大学的服装设计与工艺专业，在学术背景下，每年都会举办创新设计大赛和创业挑战赛，激发学生的创新思维和创业热情。

（3）产业发展。产业学院的第三个价值是推动产业发展。以服装设计与工艺专业为例，产业学院通过产学研结合，推动了产业的科技进步和结构优化。据《中国服装报》报道，近年来有多个学院与企业共同进行项目研究，如新材料应用、环保染色技术等，并取得了显著的研究成果，推动了服装行业的科技发展和产业结构的优化。

（二）产业学院的类型

1. 根据空间区域聚集度划分

（1）集成式。集成式产业学院通过特定地理区域内企业、教育研究机构等多元素的紧密结合，提供了一个集教育、研究和产业实践于一体的平台。这种类型的产业学院能够有效地促进地方经济发展，对于区域内的产业结构调整起到积极的推动作用。集成式产业学院的核心理念是资源的优化配置和价值的最大化。在地理位置优势下，集成式产业学院倾向聚焦本地区的主导产业，促进教育资源与产业需求深度融合，以达到人才培养与产业发展双赢的目标。在此过程中，产学研协同效应可促进技术创新，从而提升区域内产业的竞争力。由于不同地域的文化、环境、经济等因素会对产业学院的定位和发展方向产生影响，因此集成式产业学院往往更能体现地方特色，适应地方经济发展需要，为区域产业链建设和优化提供有力支持。同时，集成式产业学院的发展对地方经济社会也产生深远影响。通过引导产业发展，产业学院能够带动相关产业的技术创新和经济增长。

（2）连锁式。连锁式产业学院的独特性体现在其跨地域的协同机制上。这类学院将地理分布广泛的教育研究机构，以及相关产业企业通过一种特定的组织形式连接起来，建成一个跨区域的学习网络。其进行结构设计时并不以单一的物理空间为中心，而通常借助现代信息技术和管理手段，将散布在各地的资源聚合在一起，促进跨地域优质资源共享。从资源配置角度看，连锁式产业学院的优势在于其可以进行大规模的资源整合，从而使各类资源得到最大限度利用。跨地域的特性使其可以吸引更广泛的企业和个人参与，而这种覆盖面的广泛性带来了丰富的教育资源和产业资源，为学院的发展提供了更多可能。从合作模式角度理解，连锁式产业学院的成功要素在于强大的合作网络。这种网络包括了教育研究机构、产业企业，甚至政府等多个主体。这种复杂的关系网促成了学院的内在运行机制，使其在处理复杂问题时具有更大的灵活性。在实际运作中，连锁式产业学院注重每个节点的自主性与协同性，并通过不断的学习和创新，满足各地域的特殊需求。这种组织方式与传统的中心化管理模式相比，具有更好的适应性和灵活性。连锁式产业学院在培养人才方面具有显著的优势，可与产业无缝衔接，以满足社会对各类专业技术人才的需求。

（3）多点集成式。多点集成式产业学院是一种独特的产业学院类型，其特性在于使多个地理区域的教育资源和产业力量有效融合和整合。这种类型的产业学院不再依赖单一的地理区域，而以多个地理区域为中心，利用现代信息技术手段，有效地整合各地的产业资源，促成相互关联、相互支持的产业学院网络。在这种模式下，各地的产业学院可以根据自身的产业特性和资源优势，自主确定研究方向和教学模式，同时也可以借助网络，与其他地区的产业学院进行深度的交流和合作。这种模式的实现，离不开现代信息技术的支持。随着互联网、大数据、云计算等技术的发展，各地的产业学院可以更加方便地进行信息共享和资源整合。通过网络平台，产业学院可以有效地组织远程教学和在线研讨，打破地理距离的限制，实现全方位、多层次的交流和合作。此外，多点集成式产业学院还可以有效促进产业的区域协同发展。通过产业学院网络的搭建，各地的产业学院可以相互学习，相互借鉴，实现互利共赢，进而推动地方经济健康发展。在实践中，多点集成式产业学院模式的实施需要各方共同努力。无论是政府、学院还是企业，都需要有广阔的视野和开放的心态，共同推动这种模式的实现。同时，也需要相应的管理机制和运行机制，以保证这种模式的有效运行。

2. 根据合作对象及功能需求划分

（1）校企综合型。校企综合型产业学院，是一种学院和企业深度合作的模式，展现出的不仅仅是简单的资源交换和互补，还有共创、共享、共赢精神。该模式把教育与产业的力量融合在一起，从而实现双方的共同发展，推动产业的发展，同时也提高了学院的教育质量和社会服务能力。在校企综合型产业学院中，教育机构与企业构建了全方位的合作关系。教育机构不仅提供理论知识教学，还借助企业的实践平台进行实践教学，而企业则通过参与教学和研究，提升自身的技术水平和竞争力。这种深度的合作，使得校企之间的界限被打破，形成了一种全新的教育模式。校企综合型产业学院还具有高度的社会责任感。教育机构可以通过企业的参与，更好地了解社会需求，从而提供更符合市场需求的教育，为社会提供更多的高素质人才。企业则可以通过参与教育，实现自身的社会责任，为社会的发展做出贡献。此外，校企综合型产业学院的合作关系也有助于推动科技创新。教育机构的研究能力和企业的实践经验可以相互激发，推动科技创新发展。

（2）校企订单型。校企订单型产业学院，作为一种新型的教育与产业融合形式，已在全球范围内产生重要影响。这种类型的产业学院以高校与企业之间的紧密合作为基础，可确保教育教学活动贴近产业的实际需求。学院将企业实际需求融入教学计划，可提高学生培养活动的针对性，最大限度满足企业对人才的需求，同时可以提高学生的就业竞争力。另外，校企订单型产业学院的运行方式也对教育评价体系产生了深远影响。传统的教育评价体系往往以学生的学术表现为主要评价标准，而在校企订单型产业学院中，则以学生在实际工作中的表现为主要评价标准。

（3）校行合作型。校行合作型产业学院，也被视为教育领域与行业部门的联盟，起着沟通桥梁的作用。其旨在整合学院与特定行业的资源，充分利用这两者的优势，提升整个行业的质量和效益。这种模式的学院把握住了行业动态与前沿技术，与行业企业紧密配合，促进了教育和行业的深度融合。行业对人才的需求是直接而明确的，学院能够根据这些需求设定教学目标与课程，因此教学的针对性和实效性得以显著提升。学生通过理论学习和实践操作，可以快速适应行业环境，提升自己的专业能力和就业竞争力。在这种模式中，行业对学院也有着显著的推动作用，可为学生的实践学习和创新研究提供丰富的资源。此外，行业对于新技术、新方法的研究和应用也会引导学院的教学和科研方向，推动学院的教学和科研创新。学院以其科研优势服务行业，为行业的发展提供智力支持。学院的科研成果能够被行业直接应用，推动行业的技术进步和产品升级。同时，学院的研究活动也可能带动行业的创新，促成产学研深度融合的良好局面。

（4）校地合作型。校地合作型产业学院在众多类型的产业学院中尤为引人注目，这一模式的特色在于学院与地方政府的紧密合作。当地政府能提供丰富的地方资源，包括但不限于政策支持、财政资助和地理优势，学院则在此基础上利用自身在教育、科研、人才培养等方面的优势，深入地方经济生活，推动地方产业升级，促进经济社会发展。融入社区、融入生活，逐渐成为校地合作型产业学院的日常。这种模式下的产业学院将使学生的学习生活完全融入地方社区，为学生提供丰富的实践机会，提高学生的社会责任感和实践能力。它将理论知识和实践操作有机结合在一起，使学生在获得知识的同时，能够直接参与到地方经济建设中。此外，地方政府作为学院的重要合作伙伴，可以提供必要的政策支持和经济扶持，帮助学院解决运营中可能遇到的各种问题，为学院的稳定发展提供保障。

（5）校会联合型。校会联合型产业学院以学院和行业协会、行业组织的深度合作为核心，旨在促进行业的发展和人才培养。这种模式的建立，主要依托学院和行业协会或组织之间的紧密合作，双方携手打造具有行业影响力的教育平台。在校会联合型产业学院中，行业协会或组织具有关键作用，它们在很大程度上影响着学院的教学和研究方向。通过对行业动态、行业需求的深入研究和理解，协会或组织可以为学院提供最前沿的行业信息，帮助学院调整教学和研究内容，使之与行业发展趋势相适应。此外，它们还可以为学院的学生提供实习、就业等机会，使学生在实践中深化理论学习，提高职业技能。在校会联合型产业学院的框架下，学院也能够充分发挥其在教育和科研中的专业优势。学院可以为协会或组织提供专业的理论支持，协助他们进行产业分析、政策研究等，共同推动行业的健康发展。

3. 从功能考察角度划分

（1）资源共享型。资源共享型产业学院通过教育与产业之间的融合实现资源的高效利用和共享，目标在于构建一种有效的教学与研究平台。这种类型的学院通过深化校企合作，积极借助企业的实际场景，破解教育资源孤立、难以共享的问题，创造出独特且具有实用性的教学模式。对于资源共享型产业学院，关键在于如何通过教学研究与产业实践的深度融合，实现各类资源的有效共享。这种资源包括但不限于教育资源、企业资源、社会资源等。在这个过程中，学院、企业、政府等各方需要共同推动产教融合，共享资源，促进产业学院的目标顺利实现。具体来看，资源共享型产业学院的行动策略可能包括开放实验室、课堂、图书馆等学习资源给企业员工使用，实现知识共享。同时，企业提供实习、实训基地，以及企业研发项目，供学院师生深度参与，实现场景共享。

（2）共同发展型。共同发展型产业学院以协同创新为核心，致力与企业、政府等多方共同发展。在这种模式下，各方面的资源、智力、资金可得到整合，形成一个具有高效协同作用的创新体系。在共同发展型产业学院中，教育机构作为知识创新和人才培养的重要载体，肩负着重要的任务。学院的教学与研究力量可以为企业提供科技创新的动力，进而带动产业进步。同时，学院也能够结合企业的实际需求，对教学内容和方式进行调整和更新，更好地服务于企业发展。企业是产业学院体系中另一重要角色，其实际产业背景与经验为学院提供了丰富的实践基础，使得理论教学与实际需求能更好地结合。这样，企业也能从学院中获取新的知识与技术，以保持自身的竞争优势。政府作为制度保障和资源调配者在共同发展型产业学院中扮演着关键角色，可以通过宏观调控引导产业学院的发展方向，以更好地服务社会经济大局。

（3）产业引领型。具备引领作用的产业学院，是全新科技、新材料和新理念的积极探索者，常常扮演着领先者和先锋的角色。这种引领不仅体现在新产品的研发方面，还体现在新业态、新模式的探索与实践方面。正因为如此，产业引领型产业学院成了产业发展的关键驱动力，引领着产业向前发展，推动着产业不断创新。然而，产业引领型产业学院引领能力的提升并非一蹴而就，而是在长期的发展过程中逐渐形成的。学院需要有优秀的教师团队，具备前瞻性的研究能力，以对新技术、新产品进行深入研究和开发。同时，学院还需要与产业界保持紧密的联系，准确掌握产业发展动态，以便对产业进行有效引领。此外，产业引领型产业学院需注意培养引领人才。学院的学生不仅要具备扎实的专业知识，还要有良好的创新意识和批判性思维能力，以便在未来的职业生涯中引领产业发展，成为产业的领军人才。

4. 根据产业学院战略定位划分

（1）产业助推主导型。产业助推主导型产业学院展现了独特的魅力和价值。此类学院的关键在于理解和应对产业的现实需求，将教育资源与实际产业问题结合在一起，用理论武装实践，用实践反哺理论，形成高效的知识转化通道。于是，这种学院的学生不仅能获取深厚的理论知识，还能熟练进行产业实际工作。通过这样的双向互动，学院和产业能共享发展的成果，一同步入更高的发展阶段。产业助推主导型产业学院的特色在于，可以学院的力量引领并推动产业的发展。这不仅仅是学术界对产业的贡献，还是教育与产业之间深度融合的结果。教育与实践的无缝衔接，使得学院能直接对产业发展产生积极影响。

（2）资本增值主导型。资本增值主导型产业学院主要关注如何通过教育和产业的结合，促进资本的增值。该类型的学院通常与投资者，包括私人和公共部门的投资者，有着密切的关系。这些学院致力培养学生的创新能力和实践能力，帮助他们在未来的职业生涯中取得成功。教育和产业相结合是这一类型产业学院的重要特征。教育机构可以将最新的理论知识和实践经验带给学生，也可以从产业中获取最新技术，使教育与时俱进。各产业可在学院所输送优秀人才支持下迅速发展，从而实现资本增值。学院和投资者合作也是资本增值主导型产业学院的一个重要方面。通过与投资者的合作，学院可以获得资金的支持，从而推动教育和研究工作的发展。投资者则可以从学院的发展中获得回报，推动资本增值。这一类型产业学院的出现，对教育和产业的发展都产生了积极的影响。

（3）人才提质主导型。在当今竞争激烈的时代背景下，人才的培养和提质是产业发展的核心，人才提质主导型产业学院应运而生。在人才提质主导型产业学院中，教学活动紧密围绕产业需求展开，以满足各类产业对高素质人才的迫切需求。学院采用多元化的教学手段，如案例分析、实战操作、实习实训等，使学生在实际环境中学习和提升，强化了他们的实践能力和解决问题的能力。学院与产业界紧密合作，实现了理论教学与实际操作的无缝对接。它使学生有机会深入理解和掌握行业知识，同时也为学生提供了将所学应用到实践中的机会。这种教学模式不仅有利于学生专业技能发展，还可推动他们的创新思维能力和独立解决问题能力提升。同时，人才提质主导型产业学院通过产教融合，可促使学生在学习过程中加深对行业的认知，增强行业敏感性和行业适应性。企业也能通过与学院的合作，及时获取行业最新的理论研究成果，实现技术更新，提高市场竞争力。

（三）产业学院的建设模式

1.政府主导模式

政府主导模式是一种产业学院建设模式。在这种模式下，政府充当主要的支持者和领导者，通过提供资金、政策和管理支持等手段，对产业学院的发展进行指导和规划。这种模式下，政府在学院的学科建设、课程设置、教师队伍等方面发挥重要作用，以确保学院的发展与国家和地区的经济社会发展需求相一致。政府主导能够保障稳定的资金支持，促进学院正常运行和发展。政府的资金投入可以用于设备购置、师资队伍建设、科研项目支持等方面，为学院提供良好的办学条件和研究环境。政府可以制定相关政策，鼓励学院在特定领域进行深入研究，满足国家和地区的发展需求。在服装设计与工艺专业中，政府可以引导学院在绿色服装设计、可持续时尚等方向上进行研究，推动产业的可持续发展。政府可以引导学院与相关企业、行业协会建立合作关系，推动产学研用相结合，加强产业的技术创新和人才培养。通过政府的支持和引导，学院可以与企业共同开展项目研究、实践培训等合作，提升学生的实践能力和就业竞争力。

2. 龙头企业牵头，一所或多家高校参与共建的模式

在产业学院建设中，龙头企业牵头，一所或多家高校参与共建是一种富有前瞻性和实践性的模式。由于龙头企业在产业中占据领导地位，他们对市场需求和行业趋势具有深刻的了解。通过与这些企业的合作，高校可使学生接触到最前沿的技术和实践经验，从而更好地适应未来职业发展需求。此外，学生还可以参与企业的实际项目，提高实践能力和解决问题的能力。通过与企业的密切合作，高校教师可以深入了解行业的最新动态和需求，将这些信息与课程内容和研究方向结合在一起，确保教学内容与产业发展保持一致。同时，高校与企业的合作还可以促进教师的专业成长，提高其教学水平和实践经验，从而更好地培养学生的能力和素养。企业在技术创新、产品研发和市场推广方面具有丰富的经验和资源，而高校则在学科研究和人才培养方面具备优势。产学研的深度合作可以促进资源共享和优势互补。高校的科研成果可以为企业的创新提供支持，而企业的实践问题和需求可以为高校的研究提供方向和实验场景，共同推动产业的创新和发展。

3. 高校牵头，一家或多家企业参与共建的模式

高校牵头，一家或多家企业参与共建是一种以高校为核心，结合企业资源，共同建设产业学院的合作模式。在这一模式中，高校作为学术研究的中心，具有丰富的教育资源和专业知识。高校可以利用自身的学科优势和师资力量，引领学院的教学与研究方向，推动学科创新和知识输出。高校还能够提供学术导师指导和学术支持，为学生提供系统的理论培训和学术研究平台。这有助于培养学生的创新思维和学术素养，提高他们产业相关的综合素质。同时，企业参与共建产业学院模式为学生提供了与实践相结合的机会。企业在该模式中发挥着重要的作用，如提供实践实习基地、技术设备和市场资源等，可使学生直接接触实际工作环境，帮助他们了解行业运作机制和实践操作技能。在这一模式下，高校和企业紧密合作，有助于产学研用迅速融合。高校可以借助企业的实

践经验和市场洞察力，调整和更新教学内容，使其与行业需求保持一致。企业则可以通过与高校的合作，获取专业的人才和前沿的科研成果，提升自身的创新能力和竞争力。

4.行业协会牵头，多家高校与企业参与的模式

行业协会牵头，多家高校与企业参与是产业学院建设中广泛采用的合作模式。作为行业组织的代表，行业协会具有深入了解行业发展趋势、技术需求和人才需求的优势。协会通过制定产业发展规划和行业标准，为产业学院的课程设置和研究方向提供指导。协会还可以组织行业专家和企业代表参与教学，指导学生实践，促进学院与行业紧密联系。多家高校参与有助于资源共享，为学生提供更加全面的专业知识。企业作为实际生产和运营的主体，具有行业内最新的技术和市场信息。通过与企业的合作，产业学院可以获得实际案例、实践平台和行业导向的项目，给予学生与真实工作环境接触的机会。同时，企业还可以提供实习机会，有助于学生职业能力提升。行业协会牵头，多家高校与企业参与的模式强调了产学研的有机结合，能够促进知识创新和技术转化。行业协会可以组织产学研合作项目，促进高校的科研成果转化为实际生产力。

二、产业学院的发展走向

（一）混合所有制特色更鲜明

混合所有制特色指的是产业学院通过与企业合作，引入市场机制和企业管理理念，促进教育与产业的深度融合，赋予产业学院更灵活的运作机制，使其能够更好地适应市场需求和产业发展变化。通过与企业的合作，产业学院能够深入了解产业的需求和趋势，调整专业设置和课程内容，确保培养出与市场需求相匹配的高素质人才。同时，产业学院还能为企业提供专业技术支持和人才培养服务，促进产业的升级和发展。紧密的合作关系使得产业学院的教育模式更加贴近实际，培养出的毕业生更具有市场竞争力。传统的教育机构往往应用僵化的管理和运作模式，

难以适应快速变化的市场需求。而产业学院通过引入市场机制和企业管理理念，能够更加灵活地响应市场需求和产业发展。这种市场化的运作模式促使产业学院更加注重培养学生的实践能力和创新意识，培养出更具创造性和适应性的人才。产业学院与企业合作能够实现资源共享，包括实践基地、先进设备、专业技术等。这种资源共享使得产业学院能够提供更优质的教育和培训服务，提高学生的实践能力和就业竞争力。同时，产业学院与企业合作还能够实现优势互补。基于企业的专业经验和实践需求，产业学院可进一步完善教学内容和培养方案，提高培养质量，促进学生职业素养显著提升。

（二）多元主体参与的育人功能更强大

产业学院呈现出多元主体参与的育人功能更强大的趋势。这一趋势体现了教育模式的转变和教育参与主体的多样化，为学生的综合素养培养提供了更广阔的空间和更丰富的资源。第一，多元主体参与为学生提供了广泛的实践机会。学生可以与不同领域的专业人士、行业协会和科研机构进行合作，参与实际的项目研究和解决实际问题活动。这种实践机会不仅有助于丰富学生的实践经验，提高其技术和实践能力，还有助于培养学生的创新思维和解决问题能力。第二，多元主体参与为学生提供了丰富的资源支持。不同主体具备不同的资源优势，通过与多元主体的合作，学生可以接触更广泛的知识和信息。例如，行业协会可以提供最新的行业动态和发展趋势，科研机构可以提供前沿的研究成果和技术支持。这些资源的获取将为学生的学习和研究提供更丰富的支持，有助于他们形成全面的专业素养。第三，多元主体参与还有助于培养学生的团队合作和交流能力。在多元主体的参与下，学生需要与不同背景、不同专业的人员进行合作，共同完成项目或解决问题。此过程中，学生需要具备良好的团队合作和交流能力，包括有效的沟通、协调和决策能力。第四，多元主体参与的育人活动能够促进学生的职业发展和就业竞争力提升。多元主体的参与使学生能够更好地了解和适应行业需求，掌握最新的专业知识和技能，从而在职业发展中更好地把握机遇，实现个人职业目标。

（三）规模数量持续增长，办学层次多元丰富

随着社会对产业学院模式的认可度不断提高，越来越多的学校开始探索和引入产业学院办学模式。此外，产业学院的办学层次也更加丰富。不同层次的教育体系，包括高职教育、本科教育、研究生教育等，逐渐融入产业学院的办学范围。高职教育注重实践能力培养，本科教育强调创新能力培养，而研究生教育则侧重科研能力培养。产业学院通过提供不同层次的教育和培养方案，能够更好地满足不同人群的需求，培养具备专业素养和创新能力的人才。在规模数量持续增长、办学层次逐步丰富的趋势下，产业学院面临着一系列的挑战和机遇。一方面，规模的快速扩展可能对师资力量、教学设施、管理体系等方面造成压力，需要产业学院加强管理和资源配置，确保办学质量和教育效果。另一方面，多元化的办学层次需要产业学院注重专业设置的科学性和针对性，确保培养方案与市场需求的紧密对接，为不同层次学生提供个性化、差异化指引。为了应对这些挑战，产业学院可以加强与企业、行业协会等社会力量的合作，充分利用外部资源，提供实践机会、行业导师支持等，以促进学生综合素养和就业竞争力迅速提升。此外，产业学院应建立健全的质量监控体系，加强对教师队伍的培养和评价，提高教学质量和教育水平。产业学院还可以加强与其他院校、科研机构的合作与交流，共同推进产业学院模式研究。

第二章 服装设计与工艺专业介绍

第一节 服装设计与工艺专业的培养目标

一、提高学生的艺术设计能力

（一）激发和培养学生的艺术审美情感

艺术审美情感是指个体对艺术作品所产生的主观感受和情感体验，是一种对美的理解和欣赏能力。在服装设计与工艺专业中，培养学生的艺术审美情感不仅有助于提升他们的设计水平和创造力，还能够帮助他们更好地与观众、市场和社会进行沟通。首先，培养学生的艺术审美情感能够提高他们对艺术形式的敏感度。艺术形式包括色彩、形状、线条、质地等，而学生对这些元素的敏感度将直接影响其在设计过程中的决策和创造力。通过学习和实践，学生能够逐渐提高对于不同艺术形式的观察能力和感知能力，从而更准确地表达自己的设计意图。其次，艺术审美情感的培养有助于学生理解和欣赏不同艺术风格、流派和时代的特点。在服装设计与工艺领域中，学生需要具备对不同文化、历史和时尚趋势的理解和洞察力。通过对艺术作品的深入研究和批判性思考，学生能够从中汲取灵感和启发，将多元的艺术元素融入自己的设计，从而创造出更具个性和独特性的作品。此外，培养学生的艺术审美情感也有助于他们与观众、市场和社会进行有效的沟通。艺术作品的价值和意义往往需要通过视觉语言和符号来传达。学生需要学会运用色彩、纹理、形状等视觉元素来构建意义和情感，使观众能够准确地理解并产生共鸣。基于艺术审美情感，学生能够更好地理解观众的审美需求和市场趋势，从而在设计中更加精准地满足他们的期待。

（二）强化学生的设计原理与方法学习

在服装设计与工艺专业培养活动中，促进学生强化学习设计原理与方法至关重要。通过深入学习设计原理与方法，学生将形成服装设计基本理念，掌握扎实相关技术，从而提升设计能力和创造性思维。

强化学生的设计原理学习能够使他们深入理解服装设计的核心概念，具体包括对服装设计中比例、尺寸、形状、线条等基本元素的认知。学生需要学习如何运用这些元素来创造出符合人体结构和审美要求的设计作品。此外，学生还应该学会考虑服装的功能性和实用性，将设计与实际穿着需求结合在一起，以创造出既美观又具有实际价值的服装。学生需要学习不同的设计方法，并掌握其应用技巧。设计方法是指在创作过程中所采用的具体思维方式和创作流程。学生应该学会运用系统化的方法来进行市场调研、素材搜集、设计规划等。同时，他们还需要学会使用设计软件和工具，以在设计过程中更好地进行创意表达。学生需要学会评估和分析不同设计选择的优缺点，并能够基于客观理性的判断做出决策。基于此，他们在面对设计难题时能够更加深入地思考，寻找创新解决方案，并在设计中展现出独特的风格和个性。在设计原理与方法学习中，学生还要积极参与实践与实验。具体而言，学生需要参与实际的设计项目和工作室实践，通过实践中的观察、实验和反思，不断提升自己的设计能力。实践不仅可以帮助学生将理论知识转化为实际操作能力，还可以使他们增强合作与沟通能力，提高解决实际设计问题的能力。

（三）培养学生的视觉传达能力

视觉传达能力即运用视觉元素和原则来创造具有视觉冲击力和吸引力设计作品的能力。在服装设计与工艺专业的学习过程中，学生需要深入了解和掌握各种视觉元素，如色彩、纹理、形状、线条等。色彩在服装设计中扮演着重要角色，学生应学会运用色彩的对比、配合和渐变等技巧，以提高视觉表达能力。此外，纹理的运用也能赋予服装以独特的质感和表面效果，学生需要了解不同纹理的特点并科学加以运用。形状和线条的运用则有助于呈现独特的服装轮廓和线条感，从而塑造服装整体形象和风格。除了掌握视觉元素，学生还需要了解和运用视觉传达原则，如构图、比例、节奏等。构图是指在设计中安排和组织视觉元素的布局方式，学生应该学会运用平衡、对称、重复等构图原则，以实现视觉上的和谐与统一。比例的运用能够影响服装的整体视觉效果，学生需要准确把握不同部位的比例关系。此外，节奏的运用也能够创造出动感和韵律感，使服装设计更具活力和流畅感。为了提高学生的视觉传达能力，应该引导学生参与较多创作训练。学生可以通过绘画、平面设计和三维设计等，进行视觉表达方面的实践探索。通过参与大量的绘画训练，学生可以增强观察力和表达能力，提升对色彩、纹理和形状的感知和运用能力。通过平面设计和三维设计实践，学生可以将所学的视觉传达原则应用到实际的设计作品中，不断提高设计作品的视觉冲击力和艺术感染力。

（四）鼓励学生的创新意识

创新意识在当代服装设计领域具有重要意义，它涉及对新颖概念的理解和独特创意表达。传统与现代是服装设计领域两个重要的元素。鼓励学生对传统进行深入研究，包括了解不同历史时期的服装设计，可以帮助他们获取灵感，并将其转化为当代设计的元素。同时，应鼓励学生对现代社会和文化进行观察和分析，以把握当代时尚趋势和变化。通过对传统与现代的理解，学生能够在设计中融合独特的元素，展现出创新设计思维。学生应该积极思考设计问题的不同角度和可能性，超越传统的思维模式，寻找新颖的解决方案。在此过程中，学生应具备广阔的视野和深厚的专业知识，能够灵活运用各种设计原理和技巧。鼓励学生进行创新实践，如通过材料的创新运用、结构的突破和功能性设计等，增强创新意识和设计能力。每个学生都有自己独特的审美观和创意表达方式。通过培养学生的创新意识，可以促使他们发展个人风格，在设计中表现出独特的个性。

二、培养学生的工艺实践技能

（一）提升学生的裁剪和缝纫技能

为了达到服装设计与工艺专业的培养目标，加强培养学生的工艺实践技能至关重要。其中，提升学生的裁剪和缝纫技能非常关键。在培养学生的裁剪技能时，需要求学生掌握准确测量、剪裁和调整面料的能力，而这涉及精确测量人体尺寸和准确绘制图案技术。学生需要了解不同款式和剪裁方式对面料的要求，并运用适当的工具和技术进行裁剪。同时，他们还需要熟悉不同纤维材料的特性，了解如何根据面料的特性进行裁剪，以确保服装的合身度和舒适性。

除了裁剪技能，学生还应该致力提升自己的缝纫技能，具体包括熟练掌握各种缝纫技术和手法，如直线缝纫、曲线缝纫、装饰性缝纫等。学生需要了解不同缝纫线的选择和使用，以及各种缝纫机的操作和调整。同时，他们还应该学会修补和改良服装，使其符合设计要求或满足个人需求。

要想提升学生的裁剪和缝纫技能，不仅需要指导学生系统学习和实践，还需要培养他们的创造力和解决问题的能力。学生需要具备分析和解决实际问题的能力，如处理复杂的设计细节、修复缝纫错误或面料损坏等。通过实践中的挑战，学生能够提高自己的专业素养和工艺技能水平。

（二）强化学生的面料知识积累和应用能力

学生在服装设计与工艺专业的学习中，应深入学习和研究面料知识。面料是服装的基本构成要素，不同的纤维和纺织工艺会赋予面料各种特性，如质地、弹性、透气性等。学生不仅需要了解面料的组成、结构和特点，还需要了解面料的用途和适用性。不同的面料适用于不同类型的服装设计和工艺。学生应学会辨别和选择适合特定设计目的的面料，以确保最终产品的质量和功能的实现。在实践中，学生应该学会运用面料知识来解决实际问题，如在设计中选择最佳面料，根据面料特性进行裁剪和缝制等。通过实际操作和实验，学生将提高对面料性能和应用的理解，掌握面料与设计、工艺之间的协调和互动关系。此外，学生还应关注面料的创新与可持续发展。随着时代的进步，面料的研发和应用也在不断演变。学生应关注新兴面料技术和可持续纺织材料的发展趋势，了解绿色纺织和环保面料的概念与应用，以推动服装行业朝着可持续的方向发展。

（三）提供实习机会以丰富学生实际经验

提供实习机会以丰富学生实际经验是服装设计与工艺专业的重要培养目标。在实习过程中，学生将有机会亲身体验真实的工作环境。他们将置身于服装制作的实际场景，与设计师、技术人员、制版师等专业人士密切合作。这种实际接触将使学生更好地了解行业的要求和标准，为他们提供与专业人士直接交流和学习的机会。通过实习，学生能够将自己的设计理念转化为实际产品。他们将参与到真实的设计项目中，从初步构思到最终完成的过程中获得宝贵的经验。实践中的挑战将促使学生深入思考和解决问题，提高他们的创新能力和解决实际难题的能力。实习还为学生提供了与市场和用户接触的机会。他们将有机会观察和了解市场需求，与目标用户进行沟通和交流。这种市场意识和用户导向的思维将使学生的设计更加符合市场需求，提高他们的竞争力和适应能力。此外，实习经历有助于学生建立广泛的人脉关系。通过与企业、行业组织和专业人士的合作，学生可与业内精英建立联系，获得专业建议和指导。这些人脉资源将为学生未来的职业发展提供有力支持，扩大他们的职业发展空间。

（四）使学生熟悉并掌握现代制衣设备

为了使学生在服装设计与工艺专业中得以全面发展，使他们熟悉并掌握现代制衣设备就成了一个重要的培养方向。现代制衣设备的应用对于学生的技术水平、创新能力和就业竞争力都有着深远的影响。学生在服装设计与工艺专业中需要掌握现代制衣设备的原理和操作技巧。了解设备的工作原理有助于学生理解其功能和应用方式。例如，电脑裁剪机的高精度切割和裁剪功能有助于提高工作效率和产品质量，而缝纫机的不同缝纫方式和特殊功能则能够满足不同款式和材料的需求。通过深入研究和实践操作，学生可以熟练掌握这些设备的使用方法，为设计和制作实践提供技术支持。此外，学生还应了解现代制衣设备的最新发展和应用趋势。随着科技的不断进步，制衣设备也在不断更新和创新。学生需要关注行业动态，掌握新型设备的特点和功能。这种了解将使学生更好地应对行业变化和挑战，并在设计和工艺方面保持创新思维。熟悉现代制衣设备，还有助于学生在实际工作中提高工作效率和质量。通过掌握设备的操作技巧和使用方法，学生能够更加高效地完成任务，减少误操作，提高产品的一致性和精确度。这对于在行业中获得竞争优势和满足客户需求至关重要。最重要的是，对现代制衣设备的熟练应用为学生的就业提供了有力支持。如果在招聘过程中看到学生可熟练掌握现代制衣设备，企业将认为学生能够快速适应工作环境，并可高效率完成工作。

三、提升学生的团队合作精神

（一）培养学生的沟通能力

沟通能力在专业领域扮演着关键角色，对于学生在设计过程中的有效交流、理解需求，以及与团队、客户和合作伙伴之间的协作具有至关重要的作用。在服装设计与工艺领域，学生必须能够将自己的设计理念、创意和意图清晰地传达给团队成员和合作伙伴。他们需要使用准确的专业术语和技术语言，以确保设计意图被准确理解。此外，学生还需要通过书面和口头交流，准确描述设计细节、技术要求和材料选择，从而确保信息的准确传递。在与团队成员、客户和合作伙伴进行沟通时，学生应该倾听并理解各方的需求、意见和反馈。他们需要展示出积极的倾听态度，细致入微地聆听他人的观点，并善于捕捉重要信息和关键细节。通过理解各方的需求和期望，学生能够更好地满足设计项目的要求，并进行相应的调整和改进。服装设计与工艺专业强调视觉传达和表达能力，学生需要以直观的方式传递设计理念和信息。由此，他们需要熟练掌握绘画、草图、色彩运用等技巧，并学会使用计算机辅助设计工具和软件。

（二）提升学生的协作意识

在服装设计与工艺领域，一个成功的设计项目离不开不同专业背景人员的共同协作。因此，学生需要认识到自己在团队中的角色和责任，以及团队的目标和任务。他们应该意识到自己的贡献对于整个团队的成功至关重要，并学会在团队中相互支持和合作。在服装设计与工艺专业的学习和实践中，学生往往需要与不同背景和专业的团队成员紧密合作，共同完成设计项目。学生需要从个体主义的思维方式转变为团队合作的思维模式，充分发挥每个成员的优势，实现协同效应。在协作过程中，团队成员之间难免会遇到意见分歧和冲突，学生应当以积极的态度主动寻求解决方案，并促使团队成员之间达成共识。通过培养解决问题的能力，学生能够在面对挑战和困难时保持乐观和创造性，提出切实可行的解决方案，推动团队工作顺利进行。

（三）加强学生的团队领导能力

团队领导能力在这个专业中具有重要意义。学生需要具备领导团队并协调成员工作的能力，以确保设计作品高质量完成。作为领导者，学生需要识别和利用团队成员的个人优势和才能，为他们提供适当的机会。

通过有效地分配任务和职责，学生能够激励团队成员发挥出最佳水平，并推动整个团队向着共同的目标前进。同时，学生还应当关注团队成员的发展需求，提供必要的支持和培训，帮助他们不断提升自己的能力。

第二节　服装设计与工艺专业的课程设置

一、基础课程

（一）服装设计基础

1. 时尚元素与流行趋势

　　时尚元素与流行趋势了解课程深入探讨了服装设计中的重要元素以及市场上的流行趋势。学生将通过这门课程学习如何理解和运用各种时尚元素，以及如何分析和预测流行趋势，为他们未来的设计创作提供有力的支持。在课程中，学生将学习不同时尚元素的概念、特征和表现方式。颜色是一种重要的时尚元素，学生将学习如何运用色彩理论和色彩搭配技巧，营造出不同的视觉效果，并进行不同的情感表达。质地是另一个关键的时尚元素，学生将学习如何选择和运用不同材质的面料，以实现设计意图和风格追求。线条是服装设计中的重要元素之一，学生将学习如何运用线条的变化、强弱和方向，创造出不同的视觉效果和整体形态。除了时尚元素，学生还将学习如何分析和预测流行趋势。通过市场调研、时尚资讯收集和趋势解读等方法，学生将了解当前时尚产业的动态和消费者需求的变化。他们将学习如何辨别不同季节的流行趋势，学习如何抓住消费者的喜好和需求，从而赋予设计作品更大的市场竞争力。同时，学生还将研究历史潮流和文化影响，以更好地了解流行趋势的形成和演变规律。通过时尚元素与流行趋势了解课程的学习，学生将形成敏锐的时尚触觉，提升对市场趋势的洞察力。他们将学会如何从不同角度观察和了解时尚，如何将时尚元素与自己的设计理念融合在一起，以创造出与时代潮流相契合的作品。这门课程将为学生提供宝贵的知识和工具，使他们能够更好地把握市场需求，进行个性化的设计表达，并在时尚领域展现自己的创造力和独特性。

2. 设计理论与实践

在设计理论与实践课程中，学生将接触到多个层面的设计概念和观念。他们将学习设计的基本原则，这些原则对于创作出美观、和谐的服装设计作品可起到重要的指导作用。此外，学生还将学习设计构图原理，即如何将各个元素有机地组合在一起，从而创造出独特而富有吸引力的视觉效果。设计理论与实践课程还注重培养学生的设计思维能力。学生将学习如何进行设计头脑风暴和创意发散，而且通过大量的练习和实践，他们将逐渐形成敏锐的观察力和创新思维方式。在这个过程中，学生会学习如何进行市场调研和用户需求分析，以及如何运用这些信息来指导自己的设计过程。此外，设计理论与实践课程还涉及材料与工艺的学习。学生将了解各种服装材料的特性、应用和加工工艺，以及不同材料和工艺在设计中的潜力和限制。通过掌握材料和工艺相关知识，学生能够选择合适的材料和工艺来实现他们的设计构思，并将其转化为现实的服装作品。设计理论与实践课程通过案例分析、实践项目和实地考察等方式，使学生将所学的理论知识应用到实际的设计实践中。他们将有机会参与到真实的设计项目中，与行业相关的专业人士进行合作和交流，从中获得宝贵的经验和指导。

3. 创新设计思维

创新设计思维是服装设计与工艺专业中的一门基础课程，旨在培养学生的创新能力和独特设计风格。通过该课程的学习，学生将探索多元化的设计方法和思维模式，激发想象力和创新潜力。在创新设计思维课程中，学生将深入了解设计过程中的创新要素和技巧，将学习如何打破传统的束缚，挑战现有的设计规则。通过开放性的思维方式，学生能够突破传统的思维模式，不拘泥于固有的观念限制。这种跳出常规的思考方式将激发学生的创造力，鼓励他们提出与众不同的设计理念。创新设计思维课程还注重培养学生的观察力和洞察力。学生将通过对不同领域的观察和研究，发现潜在的设计灵感和机会。他们将学习如何从日常生活、艺术、自然等多个方面寻找创新灵感，并将其应用到服装设计中。这种对观察力和洞察力的培养将帮助学生更好地了解用户需求和时尚趋势，使他们能够提出更具创新性和市场竞争力的设计方案。此外，创新设计思维课程还鼓励学生进行实践和实验。学生将有机会尝试不同的材料、工艺和技术，探索其潜力和可能性。通过实际操作和实验，学生可以发现新的设计效果和表达方式，挖掘出独特的设计元素和创新组合方式。

4. 设计沟通与展示

设计沟通与展示是培养学生有效展示和沟通设计思想的关键课程。学生通过草图、模型和数字媒体等多种手段，以形象直观的方式将设计概念传达给观众和利益相关者。

草图在设计沟通中起着重要的作用，它是设计师表达创意和构思的基本工具。学生通过草图绘制，能够快速捕捉设计灵感和构图方案，将抽象的设计思想转化为具体的图像。草图的简洁性和速写风格使得设计师能够迅速传达设计意图，同时给观众留下更多的想象空间，激发他们的兴趣和好奇心。

模型是设计展示的重要手段之一。学生通过制作物理模型，可以将设计概念具象化和立体化地呈现出来。模型的三维形态和细节展示能够准确地传达设计师的构思和意图。学生在制作模型的过程中，需要关注比例、材料选择和工艺技巧等方面的问题，以确保模型准确地体现设计理念，并给观众带来视觉上的冲击。

数字媒体在设计沟通中扮演着越来越重要的角色。学生可以利用计算机辅助设计软件和技术，制作出高度逼真的数字模型和虚拟场景。数字媒体的优势在于其灵活性和可交互性，设计师可以通过动画、渲染和虚拟现实等技术，生动具体地呈现设计概念。此外，利用数字媒体学生还能够方便地进行修改和调整，不断优化和完善设计方案。

除了以上所述，学生还可以结合文字说明、配色方案和材料样品等元素，进一步丰富和完善设计展示的效果。设计沟通与展示的目的是让观众对设计思想有清晰的了解，激发他们的情感共鸣和反馈。因此，学生需要在展示中注重设计故事的讲述和情感表达，通过细节的处理和整体呈现，引发观众的共鸣和兴趣。

（二）绘画

1. 观察与表达

在服装设计领域，观察是一项不可或缺的技能。通过观察，学生能够深入了解服装的色彩、形状、纹理等，并将其转化为设计灵感和表达方式。观察过程中，学生需要具有细节敏感性和准确性，以便捕捉到服装设计所涉及的微妙之处。通过不断观察和研究，学生能够培养自己的视觉感知能力，并将其应用于创作过程。表达是将观察到的元素和设计理念以视觉形式呈现出来的过程。在服装设计中，有效的表达能力是实现设计意图的关键。学生需要通过各种表达工具，如手绘等，将自己的创意和设计思路转化为具体的形象。这种表达不仅仅是简单的描绘，还需要学生能够巧妙地运用色彩、线条和构图等元素，以展现服装设计的独特魅力和风格。在观察与表达学习过程中，学生需要培养自己的艺术感知力和审美能力，需要不断地观察并研究各种时尚趋势、文化背景和艺术潮流，以丰富自己的视野和创作灵感。同时，学生还应该注重实践练习，通过不断的绘画和表达训练，提升自己的技巧和表现能力，通过反复的实践和不断的探索，学生才能够在观察与表达方面取得突破性的进展。

2. 素描基础

素描基础是服装设计与工艺专业中的重要课程之一，它在培养学生准确了解和展现服装形态与结构能力方面起着关键作用。通过素描基础的学习和实践训练，学生将掌握各种线条构图技巧和透视原理，进而能够准确地描绘服装的外形和细节。线条是描绘服装形态的基本元素，通过对线条的运用，学生能够呈现服装的轮廓和流线感。在学习素描基础时，学生将通过观察和分析，掌握线条的长度、方向和粗细对服装形态的影响，掌握线条构图技巧，进而在描绘服装时准确地展现出其材质、质感和风格等方面的特征。阴影和光影是描绘服装形态和质感的关键因素。学生通过学习阴影与光影的表现方法，可以准确地再现服装在不同光照条件下的明暗变化和质感特征。透视是描绘三维空间的基本原理，对于准确表现服装的立体感至关重要。学生通过学习透视原理，可以了解物体在不同角度和距离下的形态变化，并将其应用于服装设计。透视的正确运用使得学生能够在素描中呈现出服装的深度、层次和立体感，使其更加逼真和生动。

3. 人体绘画

在人体绘画学习过程中，学生先要通过深入研究人体解剖学，了解骨骼、肌肉和关节等结构及其在不同姿势下的变化。这种系统的解剖学知识为学生提供了对人体比例和形态进行准确了解的基础。通过学习解剖学，学生能够把握不同身体部位的形态特征，如头部、手臂、躯干和下肢等，以及它们之间的相互关系。除了学习积累解剖学知识，学生还需要通过绘画实践来提高表达能力。绘画技巧包括线条、阴影、光影等元素的处理，通过运用不同的绘画材料和工具，学生可以创造出丰富多样的绘画效果。同时，学生需要不断练习观察和捕捉人体的各种姿势和表情，以培养细节敏感性和观察力。通过长时间的实践和反复练习，学生可以逐渐提高绘画技巧和表达能力，并且更好地表现人体的形态、比例和姿态。人体绘画的重要性不仅体现在学生对人体结构的准确理解和再现方面，还体现在其对服装设计的实际应用方面。学生通过对人体的绘画实践，能够更好地了解服装在人体上的效果和贴合度，从而更好地进行服装设计和创作。人体绘画课程培养了学生对人体比例和形态的敏感性，使其能够更好地捕捉和表现服装的轮廓、线条和纹理等细节，为他们的设计作品增添生动和立体感。

（三）色彩理论

1. 色彩的基本理论

色彩是服装设计与工艺专业中的重要元素，对于创造独特而引人注目的服装作品至关重要。色彩基本理论是学习和应用色彩的基础。本课程旨在深入探讨色彩的基本原理，包括色彩轮、色彩组合、色调、饱和度和亮度等概念。在色彩基本理论中，色彩轮及其在色彩关系中的作用值得人们加强探索。色彩轮是一种展示不同颜色之间关系的重要工具。通过色彩轮，学生可以观察到主色、辅助色以及互补色之间的关联。这种关联有助于人们了解色彩的相互作用和搭配原则。此外，学生还将学习到色调、饱和度和亮度等概念。这些概念是理解和描述色彩的重要工具。色彩不仅仅给人以视觉感受，还与人们的情绪和行为有密切联系。通过研究色彩心理学，可以了解不同色彩对人们情绪和行为的影响。这对于设计师来说至关重要，因为他们可以利用色彩来传达特定的情感和意义。通过深入研究色彩心理学，学生将更加精确地利用色彩来呈现所期望的设计效果。

2. 色彩应用

首先，色彩应用是服装设计与工艺专业中一门关键的基础课程，旨在培养学生对色彩的敏感性和创造性思维，以将色彩运用到服装设计中，实现预想设计目标。通过研究色彩的基本原理和理论，学生将理解不同颜色之间的关系，如色彩轮、主色、辅助色和互补色等。此外，学生还将学习色调、饱和度和亮度等概念，这些元素对于描述和组合颜色起着至关重要的作用。通过全面了解色彩的属性，学生能够更加准确地选择和运用色彩。

其次，课程将重点讨论色彩在服装设计中的应用。学生将学习如何选择适合的色彩方案，以及如何运用色彩来突出服装的特定设计元素，这包括了在不同设计风格和服装类型中运用色彩的技巧和策略。通过实践和案例研究，学生将提升色彩应用敏感性和创造性思维能力，从而在设计中充分发挥色彩的表现力。

最后，课程还将强调实践应用和创新。学生将参与实践项目，运用所学的色彩知识和技巧进行服装设计。他们将面临不同的设计挑战，并在实践中逐步提升自己的设计能力和创新思维能力。通过实际操作和反思，学生将不断改进自己的色彩应用技巧，并将其融入自己的设计实践。

3. 色彩心理学

在服装设计与工艺专业的基础课程中，色彩心理学是一门重要的课程，它探讨了色彩对人类情绪和行为的影响。通过深入研究和理解色彩心理学，学生能够在服装设计过程中更加精确地运用色彩来传达特定的情感和意义。色彩心理学课程旨在深入探讨色彩对人类情绪和行为的影响，并探索如何运用色彩来传达特定的情感和意义。以下是色彩心理学课程的具体内容：

（1）色彩与情绪关联。学生将了解不同色彩对情绪产生的影响，如红色与激情、蓝色与冷静、黄色与快乐等。他们将学习如何解读和分析色彩所引发的情感反应，并探讨不同文化和个体对色彩情绪的感知差异。

（2）色彩与行为响应。①色彩对注意力的影响。学生将探究不同色彩对人们注意力的吸引程度和对集中力的影响，以及如何运用色彩来引导观众的注意力。②色彩与行为决策。学生将了解不同色彩对人们行为决策的潜在影响，如购买决策、食欲调节等。他们将研究如何利用色彩来影响消费者行为和市场策略。

（3）跨文化与社会影响。①色彩的文化偏好和象征意义。学生将探讨不同文化背景下对色彩的理解、偏好和象征意义。他们将研究不同文化背景下对色彩的使用方式，并了解运用色彩在跨文化设计中的挑战和机遇。②色彩与社会环境的相互作用。学生将研究色彩在不同社会环境中的应用，如医疗机构、办公场所和公共空间。他们将探索如何利用色彩来创造特定的氛围，调动人们的情绪和行为反应。

（四）立体剪裁

1. 基本剪裁理论

立体剪裁作为服装设计与工艺专业的重要课程之一，致力培养学生在剪裁领域的专业素养和技能。在这门课程中，学生将深入学习基本剪裁理论，掌握剪裁技术的核心要点，并通过实践探索创新剪裁方法与技术应用。

基本剪裁理论课程的内容涵盖了以下几个方面：

（1）服装结构与形状。学生将学习和了解服装的基本结构和形状，具体包括服装的各个部位，如领口、袖口、裙摆等，以及它们在服装整体中的相互关系。学生需要了解不同部位的剪裁要点和特征，以保障服装的整体和谐。

（2）剪裁原理与方法。学生将研究和掌握剪裁的基本原理和方法，具体包括剪裁的技术流程，如布料的平整和定型、图纸的放样和裁剪、缝制线的选择等。学生需要了解不同的剪裁方法，如直筒剪裁、裙摆剪裁、曲线剪裁等，以及它们在实际剪裁过程中的应用和调整。

（3）面料特性与应用。学生将学习不同面料的特性和应用。他们需要了解各种面料的延展性、弹性、质地、厚薄等特点，以及它们在剪裁过程中的表现和使用方法。学生将学习如何选择和搭配面料，使设计意图和实际需求相统一。

（4）立体效果与流线型。学生将学习如何通过剪裁技术展现服装的立体感和流线型。他们将研究和探索不同的立体裁剪技术，如多片式剪裁、曲线剪裁、片接剪裁等，以使服装具有良好的立体效果和流线型。学生需要了解不同服装风格对立体剪裁的要求，以及如何根据设计目标和穿着者的需求进行合理的选择和应用。

基本剪裁理论课程，可使学生学习掌握在服装设计与工艺领域必不可少的基础知识和技能。通过对服装结构与形状、剪裁原理与方法、面料特性与应用、立体效果与流线型的学习，学生能够逐步掌握剪裁的核心概念和技术要点，为他们未来的创作和实践奠定坚实基础。同时，要鼓励学生在创新剪裁实践中探索新的技术和方法，促进剪裁领域的不断创新发展。

2. 立体裁剪技术

立体裁剪技术是服装设计与工艺专业中的重要课程之一，它涵盖了多个具体的内容，以下将详细论述立体裁剪技术课程的内容：

（1）曲线剪裁。曲线剪裁是指在平面布料上运用不同的曲线形状，使服装能够更好地贴合人体曲线，展现出流线型的效果。学生在课程中将学习各种常见的曲线剪裁方法，如弧线剪裁、曲线接缝等。同时，他们也会了解曲线剪裁对不同部位服装设计所起到的重要作用，如领口、袖口和裙摆等。

（2）多片式剪裁。多片式剪裁是指将服装设计划分成多个小片段进行剪裁，然后再将这些小片段缝合在一起形成完整的服装。学生要学习如何将服装设计图纸转化为多个剪裁片段，并通过合理的剪裁方式使这些片段在拼接后能够呈现出预期的形状和效果。多片式剪裁常用于复杂的服装款式，如拼接连衣裙和复古风格的服装。

（3）三维剪裁。三维剪裁是指在平面布料上运用不同的剪裁技术，使得服装在穿着时能够呈现出立体感。学生将学习各种常见的三维剪裁技术，如褶皱剪裁、立体拼接等。他们将掌握如何通过合理的剪裁方式和缝合技巧使服装呈现立体效果，使得服装更具有层次感和丰富性。

（4）结构剪裁。结构剪裁是指通过在服装设计中运用不同的结构元素，如搭扣、衬料和骨架等，来保障服装的形状和支撑力。学生将学习如何在设计中合理运用结构剪裁，以满足不同款式和设计需求。他们将掌握结构剪裁的原理和方法，并学会将其融入服装设计，以增强服装的美观性和舒适性。

（5）数字化剪裁。数字化剪裁是指运用计算机辅助设计软件进行剪裁设计和样衣制作的技术。学生将学习如何使用专业的剪裁软件进行服装设计，包括设计图纸的绘制、剪裁片段的排版和生成等。他们将了解数字化剪裁在提高效率和准确性方面的优势，并能够熟练运用这一技术进行服装设计与制作。

通过学习以上内容，学生将掌握立体裁剪技术的基本原理和方法，并能够在实践中灵活运用这些技术，以创造出具有立体感和独特性的设计作品。立体裁剪技术的掌握将使学生在未来的职业发展中拥有重要的竞争优势，并推动服装设计与工艺领域的创新和发展。

二、专业课程

（一）服装设计

服装设计是培养学生创意思维和设计表达能力的核心专业课程，通过系统的学习和实践训练，学生将掌握服装设计基本原理、技巧和市场需求洞察力，从而能够创造出具有独特风格和商业价值的服装设计作品。在服装设计专业课程中，学生将接受广泛的培训，以逐步增强自己在时尚行业的创造力和设计能力。

1. 艺术与设计基础

学生将学习关于艺术和设计的基本概念、原理和技巧，包括色彩理论、构图原则、线条表达等。通过对艺术与设计基础的学习，学生能够在创作过程中运用美学原则，提升设计作品的艺术性和审美价值。

2. 手绘与插画技巧

学生将学习手绘和插画基本技巧，包括素描、色彩运用、水彩等。通过手绘与插画训练，学生能够表达自己的设计想法，并构建服装设计整体形象。

3. 服装平面设计

学生将学习使用计算机辅助设计软件（如 Adobe Illustrator 和

Photoshop）进行服装平面设计。他们将掌握绘制服装草图、设计图案和纹样的技巧，并学会进行颜色和材质处理，以实现设计的可视化呈现。

4.三维服装设计

学生将学习使用三维设计软件（如 CLO 和 Marvelous Designer）进行虚拟服装设计。通过对服装进行三维建模和模拟，学生可以更准确地展示服装的剪裁、廓形和流动性，并在设计阶段更好地预览和调整设计效果。

5.时装展示与演示

学生将学习如何策划和组织时装展示，包括选址、舞台设计、模特选择和服装搭配等。他们将通过实践训练，掌握时装展示的规划与执行技巧，并了解如何就服装设计作品与观众进行有效沟通。

6.创意设计项目

学生将参与创意设计项目，通过个人或团队合作的方式进行设计创作。这些项目可以涵盖不同的主题和市场需求，如时装秀、服装系列设计、时尚创意广告等。通过参与实践项目，学生将能够应用所学知识和技巧，培养自己的创意思维和解决问题的能力。

通过以上专业课程学习，学生将全面掌握服装设计的理论知识、创作技巧和市场需求。他们将能够独立进行服装设计创作，并在时尚行业展现自己的创意和才华。同时，通过与其他专业课程的结合，如服装工艺学和服装材料学，学生将能够将设计理念转化为实际的服装制作，并为时尚产业的发展做出贡献。

（二）服装工艺学

服装工艺学作为服装设计与工艺专业的核心课程，包括以下具体内容：

1.服装制作技术

学生将学习基础的制作技术，如剪裁、缝制和熨烫等，同时掌握各种裁剪工具的使用方法，熟悉缝纫机的操作技巧，并学习正确的熨烫技术，以确保服装的质量和外观。

2. 服装生产流程

学生将了解从设计到成品的整个服装生产流程，学习如何进行设计规划、面料采购、样衣制作、量产加工等，并了解各个环节之间的协调和配合，以确保高效生产。

3. 工艺设备和工具使用

学生将学习各种服装生产设备和工具的使用方法，了解各类缝纫机的种类和功能，熟悉裁剪工具的特点和用途，并学习如何正确使用和维护这些设备和工具，以确保工作效率和安全性。

4. 工艺技术改良

通过实际操作和实践项目，学生将熟悉并改良现有的制作工艺。学生要分析现有工艺的优缺点，提出改进方案，并通过实践验证和调整，提高制作效率和质量。

（三）服装结构与剖析

在服装结构与剖析课程中，学生将深入探索服装的内部构造和外部形态，以及其与身体之间的关系。以下对服装结构与剖析专业课程的具体内容进行详细论述：

1. 服装结构理论

学生将学习关于服装结构的理论知识，包括面料布局、服装剖析，以及服装尺寸规划等方面的内容，了解不同服装部位的结构特点和相互关系，探索服装结构对整体外观和功能的影响。

2. 结构设计与剖析实践

通过实践项目，学生学习如何根据设计需求和人体工程学原理，进行合理的结构布局和构造设计。通过剖析实践，学生能够深入研究服装部件之间的关系，并运用合适的工艺技术将设计转化为实际的服装作品。

3. 服装打版

学生将学习和掌握服装打版技术，其中包括手工打版和电脑打版。

通过手工打版，学生能够直观地感受服装的结构变化和剪裁方式，并加深对服装构造的理解。通过电脑打版，学生将提高制作效率和准确度。

（四）服装材料学

服装材料学是服装设计与工艺专业中的重要专业课程，旨在培养学生对服装材料性质、选用和环境影响的理解。通过深入研究各种服装材料，学生将具备在设计和制作过程中选择合适材料的能力，增强环保和可持续发展意识。

1. 纤维面料知识

学生将学习了解各种纤维面料的性质、特点和用途，具体包括天然纤维（如棉、麻、丝、羊毛）、合成纤维（如聚酯纤维、尼龙纤维、腈纶）以及人造纤维（如人造丝、人造棉）。纤维面料知识是服装材料学中的重要内容，它涵盖了各种纤维面料的性质、特点和用途。以下是对纤维面料知识的详细论述：

（1）天然纤维。天然纤维是从植物或动物中提取的纤维，常见的包括棉、麻、丝和羊毛。棉是一种柔软、透气性好的天然纤维，常用于制作夏季服装。麻是一种坚韧、吸湿性好的纤维，常用于制作夏季休闲服装。丝是一种光泽、手感柔软的纤维，常用于制作高质量的内衣和礼服。羊毛是一种保暖性好的纤维，常用于制作冬季外套和针织品。

（2）合成纤维。合成纤维是通过人工合成的纤维，常见的包括聚酯纤维、尼龙纤维和腈纶。聚酯纤维具有耐磨损、耐皱、易清洗的特点，广泛应用于各类服装。尼龙纤维具有高强度、耐磨性好的特点，常用于制作运动服装和户外装备。腈纶是一种具有优异抗皱性和弹性恢复性的纤维，常用于制作运动服装和内衣。

（3）人造纤维。人造纤维是天然材料经过化学处理转化而成的纤维材料，常见的包括人造丝和人造棉。人造丝具有柔软、光泽度高的特点，常用于制作质感较好的衣物。人造棉是一种具有吸湿性和透气性的纤维，可用于制作夏季服装。

纤维的选择取决于服装的设计要求和功能需求。在纤维的选择中，需要就柔软度、透气性、吸湿性、耐久性等因素进行权衡。

纤维面料的纹理、光泽、手感也是衡量面料品质的重要因素。面料可以分为平织面料、针织面料和非织造面料等。平织面料由纵横交织的纱线组成，常见的有牛津布、斜纹布、平纹布等。针织面料由织物横向环绕循环编织而成，具有较好的伸缩性和舒适性，常用于制作针织衫、T恤等。非织造面料是由纤维通过化学或物理方法结合而成，具有轻便、柔软等特点，常用于制作无纺布和过滤材料。

2. 服装材料的选用

服装材料的选用是服装设计与工艺专业中的重要课程内容，它涉及根据设计需求和功能选择合适的材料，以确保服装的质量、舒适度和耐久性。以下是服装材料选用的具体考虑因素和步骤：

（1）设计需求。不同的设计风格可能需要不同类型的面料，如柔软的面料适合流畅的设计，而结实的面料适合结构化的款式。同时，也要考虑服装的用途和场合，如休闲服装、职业装或特殊场合的礼服等，不同场合对材料性能的要求有所不同。

（2）功能性要求。根据服装的功能，选择具备相应性能的材料。例如，运动服装可能需要用具有吸湿排汗、透气和伸缩特性的面料，而防寒外套可能需要用能够顾保暖、防风和防水的面料。在选择面料时，要考虑面料的吸湿性、透气性、耐久性、弹性等性能，以满足所需的功能要求。

（3）舒适性。舒适性可以通过面料的柔软度、触感、光滑度和适当的厚度来实现。柔软、光滑的面料通常会给人以舒适的感觉，而过于粗糙或刺激性的面料则可能引起不适。

（4）外观效果。面料的外观效果对服装的整体外观和品质印象有着重要影响，因此要考虑面料的纹理、光泽度、颜色稳定性，以及设计图案的协调性。面料的纹理和光泽度可以赋予服装独特的质感，颜色稳定能确保服装在使用和清洗过程中不褪色。

3. 新型材料研究

随着科技的不断进步和社会的发展，服装行业对新型材料的需求与日俱增。新型材料的引入能够赋予服装更多的功能性、舒适性和环保性，推动服装设计与制作创新。因此，对于学生来说，了解和研究新型材料具有重要的意义，可以帮助他们站在行业前沿，掌握潮流趋势，并为未来的设计和制作提供更多可能性。在这一课程中，学生将学习不同类型的新型材料，如智能材料、功能性材料和可降解材料等。智能材料具有对外界刺激做出响应的能力，如温感材料、光感材料和导电纤维等。功能性材料可以赋予服装特殊的功能，如防水材料、阻燃材料和抗菌材料等。可降解材料具有环境友好性，能够减少对自然资源的消耗和对环境的负面影响。学生将深入研究这些材料的特性、制备方法、工艺应用，以及其在时尚产业中的潜在应用。

4. 材料与环保

材料与环保课程旨在引导学生认识服装材料的生产、使用和处置对环境的影响，并学习如何选择和使用环保材料。

（1）环境影响评估。学生将学习如何评估服装材料的环境影响，具体包括对材料生产过程中的能源消耗、废水排放、化学品使用等进行评估，并考虑其对水源、土壤和空气质量的影响。学生将了解如何综合考虑各种环境因素，以选择对环境影响较小的材料。

（2）可持续发展材料选择。学生将研究可持续发展材料选择标准，学习如何选择可再生材料，如有机棉、竹纤维等，以减少对非可再生资源的依赖。此外，学生将学习如何选择回收材料，对废弃的纺织品进行再利用，减少废弃物的产生。他们还将了解低碳材料的选择，以减少温室气体排放。

（3）环保生产技术。学生将探索环保材料生产技术，研究和了解减少能源消耗和废弃物产生的创新技术，如绿色化学处理、能源回收利用等。学生将学习如何在材料生产过程中减少对水资源的使用，减少有害化学物质的排放，并提高资源利用效率。

（4）环境标准和认证。学生将了解各种环保标准和认证体系，学习认识全球环保标准，如 OEKO-TEX® 标准，该标准可确保纺织品材料中没有有害物质，不会对人体健康产生影响。学生还将了解可持续纺织品认证体系，如 GOTS（全球有机纺织品标准），该标准确可保纺织品的有机来源和环保生产过程。

三、实践课程

（一）实地考察学习

实地考察学习是服装设计与工艺专业中的重要实践课程之一，通过参观工厂、设计室，以及参加时尚秀或展览等，学生能够深入了解行业运作和工艺应用，提升专业素养和实践能力。

1. 参观工厂

学生将有机会参观服装生产工厂，深入了解服装生产的各个环节和流程，如面料选材、裁剪、缝制、装饰等。他们将观察实际的生产设备和工艺操作，与工厂技术人员进行交流，了解服装生产中的实际困难和解决方案。通过这样的实地考察，学生可以更好地理解设计与工艺之间的紧密关系，并在实践中获得宝贵的经验和启发。

2. 参观设计室

学生将参观专业设计室，如时装设计师的工作室或服装品牌的设计中心。在这些实际工作场所中，学生能够亲眼看见设计师的创作过程和工作方式，了解他们如何进行市场调研、搜集灵感、制订设计方案，并将创意转化为具体的设计图稿和样品。通过与设计师的交流和实际观察，学生可以深入了解时尚行业的最新趋势和创作思路，提高自己的设计眼光和判断能力。

3. 参加时尚秀或展览

学生将有机会参加时尚秀或展览活动，亲身感受时装行业的潮流和创意。他们可以观赏时装秀的精彩表演和服装展览中的设计作品，了解不同设计师的风格和创作理念。通过参加这样的活动，学生可以扩大自己的视野，感受时尚文化的多样性和创新性，同时从中获取灵感和设计启示。

（二）设计作品集创作

1. 个人风格形成

学生在设计作品集的过程中，需要尝试发掘并形成自己独特的设计语言和风格。课程将引导学生通过深入研究和探索，了解不同的设计风格和潮流趋势，感受服装设计个性和创新。学生将学习如何从自身的经验、文化背景和审美偏好中汲取灵感，并将其融入设计作品，形成独具特色的个人风格。

2. 视觉表现技术

学生将学习使用各种视觉表现技术，以准确和生动地表现自己的设计思想，具体包括手绘技巧、色彩运用、面料材质表现等方面的训练。通过绘画、素描、水彩和其他方面的实践，学生可以表达他们的创意和设计构思。此外，他们还将学习如何利用计算机软件进行设计模拟，以提升设计作品的可视化效果和表现力。

3. 作品主题设定

学生需要学习如何设定和发展一个主题，从而创作连贯、有深度的设计作品集。课程将引导学生研究和选择适合自己的主题，并从中提炼出关键元素和概念。学生将学习如何通过调研、文献回顾、市场分析等方法来丰富和扩展主题的内涵，并将其转化为具体的设计构思和表达方式。

4. 作品集呈现和解说

学生需要学习如何有效地呈现自己的作品集，以及如何解说自己的设计理念和设计过程。课程将培养学生的表达能力和沟通技巧，让他们能够清晰、有条理地展示自己的设计作品。学生将学习如何运用文字、图片、模型和其他手段来呈现作品集，并通过口头陈述和演示来解释设计思想、创作过程和创新之处。

（三）时装秀策划与执行

时装秀策划与执行是服装设计与工艺专业中实践课程的重要组成部分，旨在培养学生在时装领域的综合能力和专业技巧。以下是该课程的具体内容：

1. 主题选择与定位

学生将学习如何选择和确定适合时装秀的主题，准确进行定位。他们需要考虑目标观众的喜好和当下趋势，以及时装秀所要传达的情感和理念。学生将通过研究市场趋势、文化背景等因素，确定如何选择与主题相关的服装设计和搭配。

2. 场地选择与布置

学生将学习如何选择适合时装秀的场地，并进行布置。他们需要考虑场地的大小、氛围和灯光效果等因素，以营造出符合主题的独特氛围。学生还将学习如何设计舞台、如何设置音乐和灯光，以增强时装秀的视觉效果和整体感。

3. 模特选拔与造型设计

学生将学习如何进行模特选拔，并与模特合作很好地展示设计作品。他们需要了解模特的身材特点和走秀技巧，并与他们合作进行造型设计和服装试穿。学生还将学习如何与化妆师和发型师协作，确保模特的整体形象与设计主题相符。

4. 时装秀流程设计

学生将学习如何设计时装秀的流程，包括开场、服装出场顺序、音乐切换和结束等。他们需要考虑服装变换的顺序和时间，以及场地布置和灯光效果的配合。学生还将学习如何平衡时装秀的紧凑度和节奏感，以吸引观众的注意力并传达设计理念。

5. 突发事件处理

学生将学习如何处理时装秀中的突发事件，如服装破损、模特走错台、音响故障等。他们需要具备应变能力，掌握解决问题的技巧，以及与团队成员有效沟通和协作的能力。学生将通过模拟演练和实际案例分析提前做好应对，确保时装秀顺利进行。

6. 时装秀后期管理

学生将学习如何进行时装秀后期管理工作。他们需要对时装秀效果进行评估和反思，并收集观众和媒体的反馈。学生还将学习如何进行时装秀相关的宣传和推广，以及如何处理媒体报道和时装秀照片。

（四）实习经历

1. 企业实习

学生将有机会在服装设计与制造行业的企业中进行实习。这项实践课程旨在让学生亲身体验工作环境，并将他们的学术知识应用于实际操作。学生可以参与到公司的日常运作中，如了解产品开发过程、样衣制作、质量控制等。通过与专业人士的互动，学生将进一步熟悉行业标准和流程，培养实际工作所需的技能和经验。

2. 设计师工作室实习

学生将有机会在知名设计师的工作室进行实习，与设计师及其团队紧密合作。在实习期间，学生将参与到设计师的日常工作中，包括设计创意讨论和研究、面料和材料的选择、样衣的制作等。通过与专业设计师的直接互动，学生将深入了解时尚设计行业的工作流程和创作理念，提升自己的设计能力和审美水平。

3. 生产工厂实习

学生将有机会在服装生产工厂进行实习，亲身参与服装的生产制作过程。在实习期间，学生将了解生产工艺的各个环节，如图案设计、裁剪、缝制、整烫等。他们将学习如何与工厂的工人和技术人员合作，解决生产过程中的问题，并确保服装的质量和呈现效果。这样的实习经历将帮助学生更好地了解服装生产的实际操作和流程，提升他们的技术能力和团队合作能力。

4.品牌服装公司实习

学生将有机会在知名时尚品牌服装公司进行实习，了解品牌运营和市场推广等方面的工作。在实习期间，学生将参与到品牌策划、市场调研、产品推广等活动中。他们将学习如何进行品牌定位、设计营销策略，并与团队成员合作实施这些策略。通过与品牌专业人士的合作，学生将深入了解时尚行业的商业运作和市场需求，培养自己的市场洞察力和创新思维。

5.社会公益实习

学生将有机会参与到与时尚相关的社会公益活动中，如时装慈善义卖、环保时尚项目等。在实习期间，学生将与相关机构或组织合作，为社会公益事业贡献自己的专业知识和创意。他们将学习如何使时尚与社会责任相融合，推动可持续发展和社会进步。通过参与社会公益实习，学生将培养自己的社会责任感和公益意识，并拓宽自己的专业视野。

第三节　服装设计与工艺专业的师资力量

一、学术型教师

（一）研究型教师

服装设计与工艺专业的研究型教师在产业学院背景下提供重要的学术导向。他们在学术领域扮演着关键的角色，不仅在平时教学中培养学生的研究能力和创新思维，还在学科研究和学术交流方面做出了积极的贡献。

以下几个方面彰显了研究型教师在服装设计与工艺专业中的重要作用：

1. 学术研究与创新

研究型教师在服装设计与工艺专业中以学术研究为导向，致力解决学科领域的重要问题和挑战。他们深入研究服装设计与工艺的理论基础和实践应用，开展创新性研究，推动学科的发展。通过对新材料、新技术和新工艺的研究，研究型教师不断推动服装设计与工艺领域的创新，为行业的发展提供新的思路和解决方案。

2. 学科建设与课程开发

研究型教师在学科建设和课程开发方面发挥着关键作用。他们通过对学科前沿知识的探索和整理，为专业课程提供最新的理论支持和实践指导。研究型教师通过设计和开发新的课程内容，引入前沿的研究成果和实践案例，提高教学的针对性和创新性，培养学生的综合素质和创新能力。

3. 学术交流与合作

研究型教师积极参与学术交流与合作，与国内外同行合作研究项目，促进学科交叉和跨学科研究。他们参加学术会议、发表学术论文，与同行学者分享研究成果，不断扩大学科影响力。研究型教师还引领学生参与学术活动，鼓励学生展示研究成果，并与同行进行深入的学术讨论与合作，培养学生的学术思维和团队合作精神。

4. 研究生培养与指导

研究型教师在服装设计与工艺专业中对研究生的培养和指导非常重要。他们指导学生进行研究课题选择和深入研究，提供专业指导和学术支持。研究型教师通过组织学术讨论、研讨会等，为研究生提供学术交流和互动的平台，培养学生的研究能力和创新意识。

（二）教育型教师

服装设计与工艺专业教育型教师在培养学生的专业技能和丰富学生

知识积累方面具有重要作用。他们以教育为中心，注重学生的全面发展和职业素养培养。以下为教育型教师在服装设计与工艺专业中所发挥的重要作用：

1. 课程设计与教学方法

教育型教师在课程设计和教学方法方面具有独特的见解和创造力。他们通过深入研究学科本质和行业需求，结合学生的学习特点和实际需求，设计并精心安排课程内容。他们倡导多样化的教学方法，包括案例分析、项目驱动、合作学习等，以激发学生的创造力和实践能力。

2. 学术研究与教学实践的结合

教育型教师注重学术研究与教学实践的有机结合。他们积极参与学术研究，不断探索新的教学理念和方法，并将其应用于实际教学。他们通过研究成果的分享和讨论，促进学生对学科的深入理解，并引导学生在实践中运用学术知识。

3. 个性化指导与学生发展

教育型教师关注学生的个性化发展，通过个别指导和辅导，帮助学生发掘自己的兴趣和潜能。他们鼓励学生进行自主学习和实践探索，引导学生制定职业规划和目标，并提供专业建议和支持。教育型教师关注学生的综合素质培养，包括沟通能力、团队合作能力和领导才能等方面的发展。

4. 行业导向与实践培养

教育型教师紧密关注行业动态和市场需求，并将其融入课程设置和教学实践。他们通过邀请行业专家举办讲座、组织实地考察和实习，引导学生了解行业实践和工艺技术的最新发展。教育型教师注重培养学生的实践能力，通过项目实践和作品展示等形式，让学生将所学知识应用于实际创作，提高他们的职业素养和竞争力。

5. 教育创新与专业发展

教育型教师积极探索教育创新，关注教育技术和教学资源的应用。

他们利用信息技术手段，开展线上教学和远程指导，拓宽学生的学习渠道和资源获取途径。教育型教师持续提升自身的教学能力和学科素养，参加学术研讨会、行业交流活动，并与同行进行合作与分享，促进专业发展与教育创新。

（三）理论型教师

在服装设计与工艺专业中，理论型教师在教授专业知识，以及培养学生技能方面发挥着重要的作用。作为学术导师，他们在理论研究和学术指导方面具有丰富的经验和深厚的专业知识。以下是关于理论型教师在服装设计与工艺专业中几个关键作用的论述：

1. 设计理论与方法

设计理论是服装设计与工艺专业的基石，理论型教师在这一领域中扮演着重要角色。他们通过对设计原理、设计方法和设计思维的深入研究，为学生提供全面的设计指导。理论型教师能够教授关于服装设计的核心概念，如比例、平衡、对比和流线型等，帮助学生理解设计原理的重要性。此外，他们还能引导学生掌握创新设计方法，如故事板、情感设计和材料实验等，以培养学生的设计独创性和创造力。

2. 时尚趋势与市场分析

理论型教师在时尚趋势与市场分析方面发挥着重要作用。他们研究全球时尚趋势、消费者行为和市场需求的最新动态，并将这些信息传达给学生。通过深入了解时尚产业的演变和市场发展，理论型教师能够帮助学生把握时尚趋势，并将其应用于服装设计和工艺实践。他们能够教授学生如何进行市场分析，了解消费者的需求和喜好，以及如何将这些因素纳入设计过程，从而创造出与市场需求相契合的时尚产品。

3. 材料与工艺研究

材料与工艺是服装设计与工艺专业不可或缺的组成部分，而理论型教师在这一领域积累的知识和研究经验对学生培养工作至关重要。他们深入研究各种服装材料的特性、性能和应用，并将这些知识传授给学生。

理论型教师能够指导学生学习不同的服装制作工艺，如剪裁、缝纫、染色和整烫等，并帮助他们理解不同工艺对服装设计的影响。此外，理论型教师还能够引导学生开展材料和工艺研究，推动创新技术在服装设计与工艺领域的应用。

二、实践型教师

（一）创意设计导师

创意设计导师在服装设计与工艺专业中发挥着重要的作用。作为实践型教师的一种，创意设计导师具备深厚的学术背景和丰富的实践经验，能够为学生提供专业的指导和启发，帮助他们形成独特的创意，并将其转化为实际的设计作品。以下是创意设计导师的几个关键职责和作用：

1. 创意激发与引导

创意设计导师应该具备对创意的敏锐感知和洞察力，通过引导学生进行深入的研究和探索，激发他们的创造力和想象力。创意设计导师能够提供全面的专业知识和行业趋势信息，指导学生探索独特的设计理念和创新设计方法。

2. 设计方法与技术支持

创意设计导师应该熟悉并精通各种设计方法和技术，并将其传授给学生。他们能够帮助学生理解设计原则和概念，引导学生在创作过程中运用适当的设计工具和软件，还能够指导学生在面料选择、剪裁和制作工艺等方面做出准确的决策，确保设计作品的质量。

3. 个性化指导与评估

创意设计导师应该充分了解学生个性和特长，进而根据每个学生的不同需求和能力，提供个性化的指导。创意设计导师应识别学生的优势和潜力，并帮助他们发展自己的风格、形成独特的设计语言。在评估学生的设计作品时，创意设计导师能够提供专业反馈和建议，帮助学生不断完善和提升设计能力。

4. 行业导向与合作机会

作为实践型教师，创意设计导师应该与行业保持密切联系，并对行业趋势进行深入了解。他们能够向学生介绍行业内的最新动态和市场需求，帮助学生了解行业的发展方向和未来趋势。创意设计导师还能够为学生提供与行业相关的实习和合作机会，使学生实际参与工作，提升职业竞争力。

（二）技术工艺导师

技术工艺导师在服装设计与工艺专业中扮演着至关重要的角色，他们在学术界和实践领域都具备广泛的知识和经验。作为专业的技术指导者，他们积极引导学生掌握与服装设计和制作相关的技术工艺，培养学生的创新能力和实践技能。以下是对技术工艺导师角色几个关键点的论述：

1. 工艺技术专业知识

产业学院背景下，服装设计与工艺专业的技术工艺导师必须具备广泛而深入的工艺技术专业知识，应当熟悉纺织材料的特性和性能，了解不同材料的加工和处理方法，掌握服装制作的各个环节和流程，如面料选择、图案设计、裁剪、缝纫、装饰和整理等。导师通过教授相关知识，进行实践指导，可帮助学生理解并掌握各种技术工艺的原理和应用。

2. 技术工艺创新

技术工艺导师应当激发学生的技术创新意识，增强学生创新能力。技术工艺导师通过引导学生参与研究和实践项目，鼓励他们在技术工艺领域探索创新方向。导师可以向学生介绍最新的技术趋势和发展动态，引导他们关注行业中的技术挑战和问题，并培养他们解决问题和创新的能力。这种技术创新指导有助于提高学生在服装设计和制作过程中的技术水平和竞争力。

3. 技术实践能力培养

技术工艺导师在培养学生的技术实践能力方面起着重要作用。他们通过组织实验室和工作室实践活动，让学生亲自参与服装制作实践。导师会指导学生使用各种工具和设备，教授正确的技术操作方法，使他们能够解决实践过程中遇到的问题。通过参与实践，学生能够巩固所学的技术知识，提高技术熟练度和实际操作能力。

4. 技术质量控制

技术工艺导师在服装设计与工艺专业中还负责培养学生的技术质量控制意识。他们指导学生进行严格的质量检验，确保制作出的服装符合预期的标准和要求。导师会引导学生了解各个环节的常见问题和可能存在的质量隐患，并教授相关的纠正和改进方法。通过培养学生对技术质量的敏感性和专业素养，导师能够帮助他们成为具备高水平技术能力和严谨态度的专业人才。

（三）市场导向导师

1. 市场趋势研究与分析

市场导向导师应对服装市场有深入了解，并具备相应的洞察力。他们需要关注市场的发展趋势，了解流行时尚、消费者偏好和行业创新，加强相关研究与分析工作，从而为学生提供准确的市场信息，指导他们进行合理的设计和工艺选择。

2. 消费者需求调研与分析

市场导向导师需要通过市场调研和消费者行为分析，了解不同群体的消费需求和喜好，进而帮助学生更好地把握市场动态，创造出符合消费者期望的设计与工艺方案。

3. 品牌定位与市场策略

市场导向导师应该具备对品牌定位和市场策略进行了解与研究的能力。他们需要了解不同品牌在市场中的地位和竞争优势，并确定如何通过创新来实现品牌的市场价值。市场导向导师可以指导学生在设计过程中考虑品牌的定位与市场策略，帮助他们打造独特的品牌形象。

（四）可持续发展导师

1. 环保材料与技术应用

可持续发展导师在教学中重点强调环保材料的选择和技术应用。他们引导学生研究和使用可降解、可循环利用的纺织品和辅助材料，如有机棉、竹纤维和再生纤维等。通过了解这些材料的特性和生产过程，学生进行设计时可将可持续性融入整个产品生命周期。

2. 设计创新与可持续性结合

可持续发展导师鼓励学生在设计创新中融入可持续性元素。他们指导学生进行相关研究，以减少资源消耗和环境污染。学生通过使用可再生能源和优化生产过程，可开发出具有创新性和可持续性的时尚产品。

3. 供应链管理与社会责任

可持续发展导师关注整个时尚产业的供应链管理和社会责任。他们教授学生如何评估供应链的可持续性，并推动学生研究供应商和制造商的社会和环境影响。导师鼓励学生与供应链中的各个环节进行合作，确保产品制造过程中的可持续性和社会责任。

4. 可持续时尚的推广与宣传

可持续发展导师培养学生的宣传推广能力，鼓励他们将可持续时尚理念传递给公众。导师指导学生设计可持续发展时尚活动和展览，利用社交媒体传播可持续时尚的重要性。学生通过这些活动可增强公众对可持续时尚的认知，增加行业人士和消费者对可持续发展的关注。

三、访问型教师

（一）国内访问型教师

国内访问型教师在服装设计与工艺专业教育中起到关键作用，这主要体现在以下几个方面：

1. 携带本土知识

他们具有深厚的本土设计理论基础和丰富的实践经验，能够对中国特有的文化元素和设计理念进行融合和创新，为学生提供独特而具有深度的设计视角。这对于确保学生的设计原创性及个性化表达具有重要作用。

2. 连接本土资源

国内访问型教师通过在国内的教育、设计和工艺研究网络中建立起广泛的关系网，为学生提供丰富的实践机会，如企业实习、项目参与等。这样直接与实际工作环境连接，有助于增强学生的实践技能和解决实际问题的能力。

3. 提供针对性指导

国内访问型教师了解本国的行业环境和市场需求，能够为学生提供针对性的职业发展建议和指导，可帮助学生更好地规划未来的职业路径。

4. 推动学术研究

国内访问型教师在服装设计与工艺领域的专业研究，有助于推动我校在这个领域的学术发展。他们的研究成果和经验，可以为学生提供一手的研究资料和参考，激发学生的学术热情。

（二）国外访问型教师

国外访问型教师在服装设计与工艺专业中扮演着至关重要的角色。他们可使学生接触到多元文化背景、国际视野及全球服装设计和工艺行业的前沿动态。来自全球各地的访问型教师可提供丰富的知识和经验，使学生能够在国际化的教学环境中提升专业素养和全球竞争力。除了教授专业知识和技能，国外访问型教师也会为学生提供更广阔的国际交流和合作机会。他们常常会带来一些国际合作项目，或者介绍一些国际服装设计和工艺领域的实习、实践机会，使学生有机会直接参与国际行业的实践活动，这对于提升学生的实际操作能力和国际交流能力是非常有益的。国外访问型教师常常引入不同的教学理念和方法，倾向鼓励学生自我探索，培养学生的创新思维和问题解决能力，促使学生成为具有国际视野和跨文化交流能力的设计师。另外，他们带来了不同的语言环境和文化背景，使学生在学习专业知识的同时，也能提升自己的语言能力和跨文化交流能力，有助于学生未来在国际舞台上的发展。

（三）行业访问型教师

对于任何设计与工艺专业来说，理论学习的重要性不言而喻，但同时理论的应用也需要得到足够的重视。行业访问型教师在这里起到了至关重要的作用。他们熟悉行业的最新趋势，对市场的动态和需求有深入的理解，他们的存在使学生有机会将在课堂上学到的理论知识与真实的业界情况结合在一起。通过行业访问型教师的引导，学生能够参与到真实的设计项目中，体验从概念构思、设计开发，到产品制作等完整的设计流程，从而了解如何在实践中体现设计理念，如何面对实际操作中遇到的各种问题和挑战。行业访问型教师还能提供宝贵的职业指导，为学生提供进入行业的策略，分享职业发展的经验和见解。这样的信息可帮助学生制定职业规划，更好地面对未来的职业环境。此外，由于行业访问型教师通常与众多专业人士保持密切的联系，所以他们能够提供丰富的行业资源和人脉网络。这样不仅可以增加学生实习和就业的机会，还有助于学生更好地理解行业的运作方式和职业道德。

四、产学合作型教师

（一）行业经验教师

行业经验教师在服装设计与工艺专业中扮演着重要的角色，他们的背景和经历使他们能够将学术理论与实际应用结合在一起。他们曾在服装设计与工艺行业从事过相关工作，具备深入了解行业运作机制、市场需求和潮流趋势的能力，这使得他们能够将最新的行业动态和专业知识带入课堂，并与学生分享实际工作中的挑战和经验。行业经验教师能够为学生提供更具体、更实用的指导，帮助他们了解和应对实际问题。行业经验教师与行业内的公司、设计师、制造商等建立了广泛的人脉和合作关系。基于此，学生就能够接触到真实的行业项目和工作环境，了解行业的要求和标准。行业经验教师可以组织实地考察、行业讲座和专业研讨会等活动，让学生与行业专业人士进行面对面的交流。这种亲身经历有助于学生培养实际操作能力和团队合作精神。此外，行业经验教师了解行业内的人才需求和招聘渠道，能够为学生提供就业咨询。通过与行业合作伙伴的联系，行业经验教师可以为学生安排实习机会、提供就业推荐信等，帮助学生在毕业后更好地就业并适应职业发展。

（二）创新研发教师

创新研发教师在产学合作中发挥着重要的作用，是推动学院与行业创新的关键人物。以下是服装设计与工艺专业中的创新研发教师相关论述。

1. 前沿设计理念

创新研发教师具备深入研究和洞察行业趋势的能力，会不断关注时尚界的最新动态，探索和研究新兴设计理念。这些教师通过丰富的学术背景和广泛的行业经验，引领学生了解并运用前沿设计概念和思维方式。他们鼓励学生打破传统束缚，勇于创新，推动服装设计与工艺专业向更高层次发展。

2. 研发能力

创新研发教师具备扎实的研究能力等，会积极参与研究项目，关注服装设计与工艺领域的前沿技术和创新实践。他们带领学生进行实践探索和创新研发，指导学生通过研究和实验，开发出具有独特创意和技术价值的作品。

3. 跨学科合作

创新研发教师鼓励跨学科合作，促进学科之间的交叉融合。他们认识到服装设计与工艺专业需要与其他学科紧密合作，如材料科学、工程技术、心理学等。通过与其他专业领域的教师和学生的合作，创新研发教师可引入不同的视角和思维方式，拓宽学生的创新思维和设计思路。跨学科合作激发了学生的多元思维和创新能力，使他们能够在实际工作中更好地应对复杂问题。

4. 学术交流和展示

创新研发教师鼓励学生积极参与学术交流和展示活动，如引导学生参与学术研讨会、专业展览和设计竞赛等，展示他们的创新成果。通过参与这些活动，学生能够与行业专业人士、学术界同行进行深入交流和互动，从中获得反馈和启发。创新研发教师作为学生的导师和指导者，在学术交流和展示中发挥着重要的引导和推动作用，可帮助学生提升专业声誉，实现个人发展。

（三）职业发展导师

职业发展导师为学生提供针对性的职业指导和支持，可帮助他们实现个人职业发展目标。首先，职业发展导师凭借对行业就业需求和趋势的深入了解，提供专业知识支持。他们紧跟行业动态，掌握不同领域的就业机会和技能要求，向学生传递准确的行业信息。通过与企业、行业协会等渠道合作，职业发展导师可获取最新的就业市场资讯，为学生提供实用的就业指导。其次，职业发展导师与学生建立个别辅导和集体讨论机制，提供个性化的职业规划指导。通过与学生紧密合作，了解他们的兴趣、能力和职业目标，导师可帮助他们明确职业发展方向。通过面谈、问卷调查等形式，职业发展导师可全面评估学生，分析其优势和劣势，帮助其制订个性化的职业发展计划。职业发展导师还致力提升学生的职业技能。他们了解行业所需的专业技能和能力，并通过课程设置、实践项目等培养学生。他们会组织学生参与行业实习项目，提供实践机会，使学生在真实工作环境中应用所学知识，增强就业竞争力。此外，职业发展导师注重培养学生的职业素养和个人品质。他们引导学生培养良好的职业道德和工作态度，重视学生的沟通能力、团队合作能力和领导力发展。他们会通过组织职业讲座、就业交流会等活动，让学生与行业专业人士进行互动，拓展人际关系网络。

（四）企业合作教师

1. 深度合作与实践导向

企业合作教师具备广泛的产业背景，且与企业之间有着合作关系，因此可使教学与实践紧密结合。通过与企业进行深度合作，教师能够将最新的行业趋势、工艺技术和市场需求带入教学过程，使学生接触到真实的工作场景和项目需求。

2. 实际项目与案例引导

企业合作教师通过引入实际项目和案例，帮助学生将理论知识应用于实践。他们与企业合作，组织学生参与真实项目的设计、制作和展示，使学生能够亲身体验专业工作的方方面面。企业合作教师会引导学生分析和解决项目中的问题，培养学生的团队合作和项目管理能力。

3. 行业资源与职业网络

企业合作教师作为专业人士，拥有广泛的行业资源和职业网络。他们与行业内的企业和组织保持紧密联系，能够为学生提供实习、就业和职业发展的机会和支持。企业合作教师通过与企业合作，为学生搭建起与行业相关的人脉和资源基础，帮助他们了解行业动态、拓展职业发展渠道。

4. 行业专业知识与技能培养

企业合作教师通过将行业专业知识与实际工作结合在一起，培养学生的行业专业知识和技能。他们会引导学生了解最新的行业标准、工艺技术和创新趋势，并将这些知识与实际项目的需求结合在一起。企业合作教师会组织专业培训和工作坊，帮助学生掌握实际工作中所需的技能。

第四节　服装设计与工艺专业的就业前景

一、设计行业

（一）时装设计

时装设计作为服装设计与工艺专业的核心领域，其地位不言而喻，糅合了艺术、技术、商业和社会文化等多元素，有着丰富且具有深度的探索空间。在艺术性方面，时装设计是设计师与观众直接交流的载体，一件成功的时装既需要抓住人们的眼球，又要能激起人们的情感共鸣。它就像一个平面或立体的画布，设计师可以在上面自由挥洒创意，通过颜色、线条、形状、质地等元素，构建独特的视觉效果。同时，服装设计师需要具备出色的审美能力，能独立把握和运用时尚元素，创造出富有艺术美感的设计作品。从技术的角度看，时装设计无疑是一项复杂的工程，设计师需要对面料有深入的了解，包括其性能、质地、弹性等，以便在设计过程中选择最适合的材料。同时，设计师还需要熟悉各种缝纫技术，了解如何将面料转化为实际的衣物。更重要的是，设计师需要具备优秀的裁剪技巧，确保设计的服装不仅美观，还适合不同体型的人穿着。另外，时装设计也是时尚产业的关键部分，一款出色的设计作品能引领潮流，创造很大的商业价值。在这个过程中，设计师需要关注市场动态，掌握消费者的需求和偏好，以将自己的设计理念转化为符合市场需要的产品。此外，设计师还需要具备良好的品牌意识，掌握科学营销策略，才能成功推广自己的设计作品。从社会文化角度分析，时装设计显然是社会文化现象的反映和推动者。设计师的创作往往会受到社会环境、历史背景、流行文化等因素的影响，并通过设计作品影响和改变人们的生活方式和审美观念。因此，优秀的设计师需要有敏锐的洞察力，能够从日常生活中寻找灵感，并将其融入设计。

（二）制图设计

在服装设计与工艺专业的广阔就业前景中，制图设计师是一个重要的职业选项。制图设计师，或者说服装图案设计师，实际上是服装设计流程中的关键。他们通过专业技能，将设计师的创新思维转化为实际可执行的图纸，为服装生产打下坚实的基础。首先，从技术技能的角度讲，制图设计师需要具备出色的绘图技巧，要对服装工艺有深入的了解。他们需要具备出色的插画技巧，将设计师的创新思想清晰、精确地呈现到图纸上，并详细地标注出各部分的尺寸、面料、颜色等，为制衣厂的生产提供准确的指导。此外，他们还需要对服装工艺有深入的了解，知道如何将设计转化为可以实际制作的服装。其次，在市场需求方面，制图设计师的需求量大，且需求持续稳定。随着时尚产业的发展，越来越多的品牌和制衣厂需要专业的制图设计师，以确保设计的准确性和生产的顺利进行。而且，随着数字技术的发展，现在的制图设计师不仅需要精通传统的手绘技巧，还需要熟练掌握各种数字绘图软件，如 Adobe Illustrator 和 Photoshop 等。最后，从职业发展的角度考虑，制图设计师可以通过积累经验和提升技能，获得更高层次的职业发展。例如，他们可以转行成为设计师，也可以成为技术专家或教育工作者。

（三）配饰设计

配饰设计作为服装设计与工艺专业毕业生的重要就业方向之一，其重要性在时尚产业中日益凸显。配饰设计覆盖帽子、围巾、包袋、鞋履、珠宝等多种单品，是完成一个完整的时尚造型不可或缺的部分。对配饰设计师来说，审美敏锐度和创新意识的重要性毋庸置疑。与时装设计师类似，配饰设计师也需要具备出色的审美能力，能独立把握和运用时尚元素。更为关键的是，配饰设计师需要拥有很高的创新能力，能够在设计中融入个人独特的审美风格，打造出独一无二的配饰。一款独特且出彩的配饰往往能够大幅提升整体造型的品位和格调，因此配饰设计师在时尚产业中占据着重要的位置。从技术角度看，配饰设计也同样需要精细且繁复的技术支持。设计师不仅需要掌握相关的设计技术，还需要对材料有深入的了解。配饰设计中常用的材料丰富多样，包括各种皮革、金属、珠宝、布料等，设计师需要对这些材料的性质、特点和处理技术有清晰的认识，才能创造出既美观又耐用的配饰。从商业视角看，配饰设计对于品牌商业价值的提升也具有重要意义。一款出色的配饰不仅能够提升消费者对品牌的认知和好感，还能够提高品牌的销售额和利润。因此，配饰设计师需要具备良好的商业敏感度，能够洞察市场动态，预测消费者的需求，将商业和艺术完美融合。社会文化视角亦是不可忽视的一个维度。配饰设计不仅仅是设计和商业的结合，还是设计师与社会文化的互动。设计师需要紧跟时代脉搏，灵敏捕捉并理解社会文化变迁，然后通过设计将这些理解反映在产品上，形成独特的文化符号。

二、制作行业

（一）服装制作师

服装制作师在时尚产业中担任核心职务，体现了实用技能与创新思维的完美结合。服装制作师在设计理念与实际产品之间架设桥梁，他们独特的作用不容忽视。服装制作师的首要任务在于，将设计师的设想塑形为实体服装。设计师通过描绘草图或使用 3D 建模软件，将创新设计理念表达出来，而将这些设计理念转化为实际可穿戴的服装，就是服装制作师的工作。他们必须对设计原理、面料性质、缝制技术等方面有深入的理解，才能精确地把设计稿变成实体服装。同时，服装制作师还需要有较高的审美标准和敏锐的时尚观察力。因为时尚趋势的变迁影响服装设计的方向，他们必须随时关注并理解这些变化。他们将这些趋势和独特的审美观结合起来，使得成品服装不仅质量上乘，还能够迎合潮流。良好的沟通技巧也是服装制作师的必备能力。他们不仅要与设计师沟通设计理念，还需要和模特交流以确保服装的合身度，同时也要与销售团队进行沟通以了解市场需求。只有这样，才能制作出符合市场需求且受到消费者喜爱的服装。服装制作师的工作充满了挑战，但同时也非常有成就感，他们使设计师的设想得以实现，用专业技能为世界带来了一款款引领潮流的服装。服装设计与工艺专业的学生如果对此有兴趣，通过专业学习和实践经验积累，未来可以在此领域取得一定成就。

（二）服装工艺师

服装工艺师是服装设计与工艺专业毕业生的主要就业岗位之一，它使人们对时装创造过程有了更深的了解。服装工艺师的角色贯穿了服装生产的全过程。他们在设计初期就参与其中，了解设计师的想法，以确定最佳的制作方法。要完成这项任务，需要深入了解材料科学、制作技术，以及在生产过程中可能遇到的各种挑战。这一职业不仅需要掌握丰富的理论知识，还需要拥有解决实际问题的能力。当面临材料供应、生产设备故障或是设计改变等实际问题时，服装工艺师需要迅速、冷静地做出决策，保证生产流畅进行。同时，服装工艺师的职业发展并非止步于传统的服装制造。随着科技的进步，如数字化和自动化技术的发展，服装工艺师的工作内容也在发生变化。这些新技术为提高生产效率、减少浪费提供了新的可能，同时也对服装工艺师的技能提出了更高的要求。

（三）质量控制员

质量控制员在服装设计与工艺专业就业领域扮演着关键的角色。他们的主要工作职责是确保每件生产的产品都能满足预设品质标准。通过严谨的质量控制流程，他们可以确保产品的设计理念得以完整呈现，用户的满意度得以提高，同时确保企业的品牌声誉大幅增强。

1.检验产品质量

质量控制员需要对每一件产品进行详细的检查，确认其与设计图纸一致，无明显的制作瑕疵，且符合所有质量和安全标准。这一过程可能涉及裁剪、缝制、成型和整烫等各个环节的检查。

2. 识别和解决问题

在生产过程中，质量控制员需要及时发现和识别出现的问题，这可能包括材料缺陷、工艺问题或机器故障等。识别问题后，他们需要与相关部门合作，寻找并实施解决方案，以确保问题及时解决，防止质量问题再次出现。

3. 制定和更新质量标准

质量控制员还负责参与或制定产品的质量标准，包括材料选择、缝制技术、成型方法等。这些标准需要根据市场需求、设计变化和新的生产技术定期更新。

4. 数据分析和报告

质量控制员需要定期收集和分析质量相关的数据，通过数据找出生产过程中的瓶颈和问题，同时对质量控制结果进行评估和总结，以供生产部门和管理层参考。

5. 培训和指导

质量控制员也需要对生产线上的员工进行质量意识和技能培训，确保他们明白质量标准，掌握正确的生产技术，从而在生产过程中自我检查，减少质量问题的发生。

三、时尚行业

（一）时尚媒体人

在探讨服装设计与工艺专业就业前景时，时尚媒体人的角色尤为突出。他们作为设计师、品牌和公众之间的重要媒介，需要利用专业知识，深度解读并传播服装设计与工艺的趋势和创新。在工作内容上，时尚媒体人的主要任务包括以下几个方面：

1. 内容创作

时尚媒体人需要定期创作与服装设计与工艺相关的新闻、报道等，并要通过社交媒体实时发布时尚内容，从而引导公众对时尚的看法和理解。这不仅要求他们具备优秀的写作和编辑技巧，还要求他们具备丰富的时尚知识和敏锐的时尚观察力。

2. 活动组织

时尚媒体人也会组织和参与各类时尚活动，如时装秀、展览、座谈会等。他们需要在活动中进行现场报道，对活动进行深度解读和评价，并通过自己的平台将活动内容传播出去，从而拉近品牌与公众之间的距离。

3. 品牌合作

时尚媒体人还会与服装品牌进行合作，如进行品牌推广、广告发布等。他们会根据品牌的特点和需求，创作出符合品牌形象的内容，以帮助品牌提升知名度和影响力。

（二）时尚顾问

1. 个人造型顾问

时尚顾问会为个人客户提供定制化的服装和配饰建议。他们需要深入了解客户的生活方式、个人品位和身体比例等因素，以便推荐最适合客户的服装和搭配。他们可能会陪同客户购物，或者提前为客户挑选好商品。他们的目标是帮助客户提升自信，通过着装表达自我。

2. 企业形象顾问

时尚顾问会为公司或品牌提供专业的形象建议。他们会分析公司的品牌价值和目标市场，然后建议适合的服装设计和着装指南。他们可能会协助设计制服，或者组织员工参与装研讨会和培训。

3. 时尚品牌顾问

时尚顾问将运用他们的专业知识和市场洞察力，为时尚品牌提供设计、生产和营销建议。他们可能会对设计草图进行评估，推荐生产工艺，或者建议营销策略。他们的目标是帮助品牌创造独特的价值，与竞争对手相区别。

（三）市场调研员

市场调研员在服装设计与工艺专业的就业前景中扮演着重要的角色。作为时尚行业的观察者和预测者，他们通过深入研究市场趋势、消费者行为和品牌动态等，为品牌提供有价值的参考信息。以下将详细论述市场调研员的工作内容：

1. 市场趋势研究

市场调研员需要通过调查、分析和研究市场数据，把握时尚行业的发展趋势。他们会关注时尚潮流、消费者偏好、社会文化变化等方面的信息，并对这些趋势进行整理和解读，以为品牌决策提供参考。

2. 消费者行为分析

市场调研员会对消费者进行深入研究，包括购买习惯、消费心理、消费动机等。他们会通过调查问卷、访谈、焦点小组等方法收集数据，分析消费者行为背后的驱动力，为品牌提供改进产品和服务的建议。

3. 品牌竞争分析

市场调研员会对时尚行业的品牌竞争进行分析。他们会研究品牌的定位、市场份额、销售策略等，了解各个品牌的优势和劣势。通过对竞争环境的分析，他们能够帮助品牌了解市场地位，制定适合的市场推广策略。

4. 编制市场调研报告

市场调研员将根据收集到的数据和分析结果，编制市场调研报告。这些报告会对市场趋势、竞争状况、消费者行为等进行详细分析和解读，并提供相应的建议和战略指导。市场调研报告对于品牌的决策制定和战略规划至关重要。

四、服装经营

（一）服装销售员

服装销售员在服装设计与工艺专业中扮演着重要的角色。他们作为企业与消费者之间的桥梁，负责销售服装产品，并提供专业的服务。

1. 客户需求分析

服装销售员应具备良好的观察能力和分析能力，能够准确捕捉客户的需求。他们需要通过与客户的沟通和交流，了解客户的个人喜好、风格偏好和购买目的，从而为客户提供个性化的购物建议。

2. 产品知识与介绍

服装销售员需要全面了解所销售的服装产品，包括款式、材质、工艺和设计元素等。他们应当了解各类服装的特点和适用场合，并能够清晰地向客户介绍产品的特点和优势，以帮助客户做出明智的购买决策。

3. 销售技巧与沟通能力

服装销售员需要具备良好的销售技巧和沟通能力。他们应当主动与客户建立良好的沟通关系，倾听客户的意见，并能够恰当地回应客户的疑问和关注。同时，他们还应当运用销售技巧，如有效地进行产品展示、推销和销售谈判，提升销售效果。

4. 顾客服务与售后支持

服装销售员在销售过程中应注重顾客服务与售后支持。他们应当关注客户的购物体验，提供周到的服务，解答客户的问题并解决客户的疑虑。在售后阶段，他们应积极处理客户的投诉和退换货事宜，以维护企业形象。

5. 销售数据分析与市场调研

为了更好地了解市场需求，预测销售趋势，服装销售员还需进行销售数据分析和市场调研工作。他们应当通过分析销售数据，掌握产品的销售情况和客户的购买偏好，并及时向相关部门提供市场反馈和建议，以促进产品的改进和推广。

（二）服装营销员

服装营销员在服装设计与工艺专业中扮演着重要的角色，他们负责在服装产品与潜在消费者之间建立联系，促进销售并提高品牌知名度。

1. 消费者调研与市场分析

服装营销员需要进行深入的消费者调研和市场分析,以了解潜在消费者的需求和喜好。他们需要研究消费者的购买行为、时尚趋势,以及市场竞争情况,以制定相应的销售策略和推广计划。

2. 品牌推广与形象管理

服装营销员负责品牌推广和形象管理,具体需要根据品牌定位和目标受众,制定合适的营销方案。他们通过广告、宣传活动、社交媒体等渠道,提升品牌知名度,并塑造品牌形象,以吸引消费者的注意和认同。

3. 销售策略与渠道管理

服装营销员需要制定有效的销售策略,并管理销售渠道。他们需要与零售商、批发商等合作,确定最佳的销售渠道,并确定促销活动策略,以提高销售额和市场份额。

4. 活动策划与市场营销

服装营销员负责策划和组织各种市场营销活动,如时装发布会、展览会、促销活动等。他们需要与设计师、摄影师、模特等合作伙伴紧密协作,确保活动顺利进行,并通过活动提升品牌形象和产品销售量。

5. 客户关系管理

服装营销员需要与客户建立良好的关系,并进行客户关系管理。他们需要了解客户的需求和反馈,提供满足客户需求的产品和服务,并解决客户遇到的问题和困惑,以提高客户满意度和忠诚度。

(三)产品管理员

1. 职责与工作内容

产品管理员在服装设计与工艺领域担负着重要的职责和工作内容。他们是负责协调和管理服装产品生命周期的专业人员。以下是产品管理员的主要职责和工作内容:

(1)产品规划与开发。产品管理员负责与设计师、市场调研人员和生产团队紧密合作，参与产品规划与开发各个阶段的工作。他们需要了解市场需求、消费者喜好和行业趋势，并将这些信息转化为创新产品设计和开发方案。

（2）产品管理与调配。产品管理员负责对产品进行全面管理，包括库存控制、供应链管理、产品定价和销售策略等。他们需要协调与供应商的合作关系，确保产品供应充足并按时交付。

（3）质量控制与品质管理。产品管理员需要制定和执行质量控制策略，确保产品符合相关的质量标准和规范。他们需要监督生产过程，确保产品在制造和装配阶段的品质达到预期标准。

（4）市场分析与竞争研究。产品管理员需要进行市场分析和竞争研究，了解竞争对手的产品特点和销售策略。通过分析市场趋势和消费者需求，他们才能够提供战略建议，并为产品定位和市场推广活动提供支持。

（5）团队协作与沟通。产品管理员需要与多部门团队密切合作，包括设计师、生产人员、销售团队和市场营销人员等。他们需要协调各方资源，确保产品的开发和推广顺利进行。

2. 技能与素质要求

产品管理员需要具备一定的专业技能和素质，以胜任所负责工作，并取得成功。以下是产品管理员所需的主要专业技能和素质：

（1）产品设计与开发。产品管理员需要具备一定的产品设计和开发知识，理解服装设计的原理和流程。他们需要熟悉各种材料和工艺，并能够将设计理念转化为可行的产品方案。

（2）供应链管理。产品管理员需要了解供应链管理的原理和方法，包括供应商选择、合作协议管理、库存控制和物流配送等。他们需要具备良好的协调和组织能力，确保供应链的高效运作。

（3）市场分析与趋势把握。产品管理员需要具备市场分析和趋势把握能力，能够收集和分析市场数据，把握消费者需求和行业动向。他们需要具备洞察力和判断力，以预测市场变化并及时调整产品策略。

（4）沟通与协作能力。产品管理员需要具备良好的沟通和协作能力，能够与团队成员和合作伙伴进行有效的沟通和协调。他们需要了解各方需求，并能够有效地传达自己的想法和决策。

（5）解决问题与决策能力。产品管理员需要具备解决问题和决策的能力，能够迅速应对和解决各种挑战和困难。他们需要具备分析和判断能力，做出明智的决策，并能够承担相应的责任。

第三章 服装设计与工艺专业群的人才要求分析

第一节 服装设计与工艺专业群人才的技能要求

一、创意设计能力

（一）想象力和创造力

1. 创意构思

在服装设计与工艺专业领域，创意构思是一位出色的服装设计师所必备的核心能力之一。拥有丰富的想象力和创意思维，能够提出新颖独特的设计理念和概念，是设计师创造出充满个性和艺术性的服装作品的关键。首先，创意构思是服装设计的基石，是从无到有的创作过程的起点。设计师通过充分发挥想象力，可以从各种各样的灵感来源中获得启发，如自然界、文化传统、艺术作品等，突破常规思维，超越传统的束缚，创造出令人耳目一新的设计理念。其次，创意构思要求设计师具备敏锐的观察力和深刻的洞察力。通过观察社会变化、人们的行为习惯、文化趋势等，设计师能够捕捉到独特的细节和蛛丝马迹，从而将这些元素融入服装设计。例如，从城市街头的流行风格中汲取灵感，或是从民族文化中汲取纹样和图案，都可以为创意构思提供丰富的素材。另外，创意构思还需要设计师有广泛的知识储备。了解不同历史时期、不同国家的文化、艺术流派等，可以让设计师在设计过程中结合不同元素，创造出多维度的服装作品。除上述内容外，在创意构思过程中，跳出框架思考也是至关重要的，设计师要敢于挑战传统的设计模式，不拘泥于已有的设计套路，引入意想不到的元素组合、反常规的色彩搭配，或是突破性的材质运用，可以为服装设计注入独特的活力和张力，吸引消费者的目光。

2. 创意表达能力

创意表达能力涉及将抽象的创意转化为具体的设计方案，并通过手绘、草图、模型等形式清晰地表达设计构思，不仅体现了设计师的审美眼光，还反映了其设计理念的实际呈现和传达方式。

首先，创意表达能力要求设计师具备良好的表达能力，能够用准确的语言描述自己的设计构思，包括对设计概念、主题、灵感来源等进行明确的叙述，以便其他人理解和参考。设计师需要将自己的创意融入设计方案，以独特的视角和个性化的表达方式呈现出来。其次，手绘是创意表达的重要手段之一。设计师需要具备精湛的手绘技巧，能够用线条、阴影和色彩等元素准确地描绘出设计草图。手绘不仅能够快速地将脑海中的想法呈现出来，还能够捕捉到细微的设计细节和情感，通过手绘，设计师能够将抽象的概念变得具体可见，为整个设计过程提供有力的支持。草图是创意表达的另一种形式，设计师可以利用草图来快速尝试不同的设计方向，捕捉灵感瞬间，然后进一步深化和完善。并且，草图的迅速性使设计师能够更加自由地表达自己的创意，不受烦琐细节的限制，有助于挖掘更多可能性。模型制作在服装设计中也扮演着重要角色，通过制作三维模型，设计师能够更加真实地展示服装的轮廓、结构和流线形状，使创意更加具体化，不仅可以帮助设计师自我审视，还能够与他人分享并获得反馈意见，但是模型制作需要设计师具备对材质、质感和立体感的把握能力，以确保模型的逼真度和准确性。

（二）色彩搭配能力

1. 具备良好色彩感知和辨别能力

良好的色彩感知和辨别能力对于服装设计与工艺专业的学生至关重要。这项能力要求学生对色彩的细微差别和变化有敏锐的观察力，能够准确地辨别和区分不同颜色之间的差异。服装设计与工艺专业的学生需要在日常生活和设计实践中准确地感知和观察各种色彩的细微变化和特征，具体包括颜色的明暗度、饱和度、色调、色相等。例如，他们应该能够分辨出不同红色调的差异，从深红到浅红、从鲜红到暗红等。色彩辨别能力即准确地辨别和区分不同颜色之间差异的能力，要求学生对色彩属性和特点有深入的了解，并能够将其应用于实际情境。例如，他们要能够准确地辨别出两种相似但不同的蓝色，并能够将它们与其他蓝色区分开来。

2. 理解色彩的情感和象征意义

（1）情感表达。色彩与情感之间有着密切联系。不同的色彩可以引发人们特定的情绪和情感反应。例如，红色常常与激情、力量、热情相关联，蓝色则与冷静、安宁、信任相联系。学生需要理解这些情感和色彩之间的联系，并巧妙地运用色彩来表达设计作品所要传递的情感。他们需要学会选择适合的色彩组合，以达到所需的情感效果。这种能力对于传达设计理念、塑造品牌形象以及与观众建立情感共鸣非常重要。

（2）象征意义。色彩在不同文化和社会背景中具有特定的象征意义。不同的色彩可能代表着不同的观念、价值观和传统。例如，在西方文化中，白色通常与纯洁、无瑕、婚礼相关联，而在东方文化中，白色却象征着丧葬和哀悼。学生需要了解不同文化对于色彩的象征意义，并能够灵活地运用这些象征意义来传达设计作品的信息。他们需要考虑目标受众的文化背景和习俗，以确保色彩选择与设计意图相一致，同时避免可能引起误解或冲突的象征意义。

（3）色彩组合的情感表达。色彩的不同组合和搭配传达出特定的情感。不同的色彩组合可以营造出不同的氛围和情绪。例如，亮丽的色彩组合可以传达活力和喜悦，而柔和的色彩组合则能够传达温暖和舒适的感觉。学生需要掌握色彩的对比、互补、相近等原则，以及色彩在不同环境和材质下的表现效果，从而选择和组合合适的色彩，以呈现设计作品所要表达的情感和氛围。

3. 保证色彩搭配的平衡和协调

保证色彩搭配的平衡和协调是服装设计与工艺专业群人才在色彩搭配方面需要做到的。良好的色彩搭配能够赋予服装作品美感、和谐感和吸引力，使其与穿着者、场合和设计理念相契合。下面将详细论述如何保证色彩搭配的平衡和协调。

首先，色彩的平衡是指在色彩搭配中各种色彩元素之间的均衡分布和统一感。平衡可以通过以下几个方面来实现：

（1）色彩对比。适度的色彩对比可以呈现视觉上的平衡效果。对比色彩是指在色轮上位置相对的色彩，如红与绿、蓝与橙等。合理地运用对比色彩可以在服装设计中呈现强烈的视觉冲击和对比效果。

（2）色彩渐变。渐变色彩是指呈现逐渐变化效果的系列颜色，如从浅到深、从冷色调到暖色调等。巧妙运用渐变色彩可以使服装设计作品呈现出层次感和流动感，增强整体的平衡效果。

其次，色彩的协调是指色彩在服装设计中的整体和谐性。关于色彩协调，可以从以下几个方面进行论述：

（1）色彩的气质和风格。不同色彩具有不同的气质和风格，如明亮活泼的色彩、稳重大气的色彩、柔和浪漫的色彩等。在色彩搭配中，需要根据服装的设计理念和目标受众的需求，选择适合的色彩气质和风格，以达到整体协调效果。

（2）色彩的数量和比例。在色彩搭配中，色彩的数量和比例也是决定整体协调性的重要因素，过多或过少的色彩都可能导致视觉上的混乱或单调。因此，需要合理选择色彩的数量，并通过适当的比例关系使其相互协调，呈现整体和谐感。

（3）色彩与服装元素的关系。色彩与服装元素之间的关系也是促进协调的关键。例如，色彩与面料、剪裁、图案等元素的搭配应该相互协调、相互强化，使服装设计作品呈现出整体的一致性和和谐性。

保证色彩搭配的平衡和协调需要考虑色彩的对比、渐变，同时需关注色彩的气质和风格、数量和比例，以及与服装元素的关系。通过深入学习色彩理论、积极参与实践和不断反思总结，学生能够逐渐提升自己的色彩搭配能力，创造出富有美感和吸引力的服装设计作品。

（三）故事表达能力

1. 故事构建

故事表达能力要求学生能够将设计理念转化为一个有连贯性和故事性的服装系列，并讲述一个具有情节和主题的故事。学生需要通过深入研究和思考，将设计理念融入一个有趣、引人入胜的故事，从而为服装设计注入更深层次的内涵和意义。故事的构建包括确定主题、情节发展、角色塑造等，能够使观众通过服装作品感受到故事的情感和思想。

2. 表达手法

故事表达能力要求学生能够运用设计元素、图案和细节等来表达故事情节，使观者能够通过服装感受到故事的内涵。通过巧妙地选择和运用服装的设计元素和图案，学生能够呈现出与故事情节相符的视觉效果，使服装作品具有独特的故事性和艺术性。同时，细致处理服装的细节，如纹理、剪裁和装饰等，能够加强服装作品与故事的关联性，从而深化观众对故事的理解和体验。

3. 观众互动

故事表达能力要求设计能够引发观众的共鸣，使观众与设计作品之间建立情感连接。通过设计一个引人入胜的故事，能够激发观众的想象和情感体验，使其产生共鸣并参与其中。这可以通过与观众的互动、情感表达和故事的共同体验来实现，从而增强设计作品的影响力和吸引力。

二、绘图能力

（一）素描和速写技巧

1. 线条控制能力

（1）准确性。线条的准确性是进行线条控制需要保证地一点。设计人才需要准确地绘制直线、曲线、斜线等，以呈现服装的轮廓和形状。准确的线条能够展现设计的精确性和专业性，使服装设计更加真实和立体。

（2）流畅性。流畅的线条能够赋予服装设计动感和生命力。设计人才需要进行大量练习，从而能够以流畅的线条绘制出服装的轮廓。流畅的线条能够使设计作品看起来更加自然，也能够吸引观众的注意力。

（3）表现形式。线条控制能力还涉及对不同线条形式的掌握和运用。设计人才需要了解直线、曲线、斜线等不同类型线条的特点和表现方式，并能够根据设计需求选用合适的线条形式。例如，直线能够给人简洁和严谨的感觉，而曲线则能够展现柔美和流动的效果。

（4）线条的变化与厚度控制。线条的变化和厚度控制能够为服装设计增添层次感和细节感。设计人才需要掌握线条的粗细变化技巧，能够灵活运用不同粗细的线条来表现服装的不同部分和细节。粗线条能够突出服装的轮廓和重点，细线条则能够表现出服装的细节和纹理。

（5）线条的表现力与情感。线条在服装设计中不仅仅是构成形状的工具，还可以传递出情感和意义。设计人才需要通过线条的质感、曲度和连续性等因素，将自己的情感和设计理念融入线条。例如，流畅的曲线能够传递出柔美和优雅的感觉，而锐利的线条则能够呈现力量和张力。

2. 透视与比例

（1）透视原理的掌握。透视是指通过绘画技巧来表现物体在空间中的远近和大小关系的方法。学生需要理解透视原理，包括一点透视、二点透视和三点透视等，以及透视线和消失点的作用。透视原理的掌握使学生能够在绘制服装时准确地呈现不同角度和深度感，使作品更加立体和逼真。

（2）人体比例的准确绘制。在服装设计中，准确绘制人体比例是至关重要的，因为服装设计与人体形状和比例密切相关。学生需要熟悉人体各个部位的比例关系，如头部、肢体、手足等。他们应该了解人体的标准比例，并能够根据实际需求进行调整。准确绘制人体比例，使学生能够在设计过程中更好地展现服装的形状、结构和流线，确保设计与人体的和谐。

（3）视角的运用。视角是指观察和绘制物体时所采取的位置和角度。学生需要学会选择合适的视角来呈现服装设计效果。通过不同的视角，可以展现服装在不同空间的外观和特征，从而使作品更加生动和立体。在绘制中，学生还应该注意透视变化和比例的调整，以确保服装在不同视角下的真实表现。

3. 阴影与明暗

（1）光影原理的理解。阴影与明暗的表现离不开对光影原理的理解。光源的位置和光线的照射角度会影响物体表面的明暗程度和阴影的形成。学生需要学习光线的传播规律，了解不同光源对服装设计的影响，从而准确地表现出服装的明暗分布。

（2）表现立体感和质感。阴影与明暗的运用是表现服装立体感和质感的关键。通过合理运用阴影和明暗，可以使服装设计作品的形状更加立体。同时，阴影与明暗也能够传达出不同材质的特征，如光滑、粗糙、柔软等。学生需要准确表达出服装的质感，使其看起来更加真实和具有触感。

（3）掌握阴影的绘制技巧。绘制阴影需要学生掌握一些基本的绘画技巧。首先，他们需要观察和分析服装表面的不同部位，确定光线的照射方向和产生的阴影位置。其次，学生需要运用合适的画笔和绘画材料，控制明暗层次，使其与服装的形状和材质相协调。此外，绘制阴影时，也要注意过渡的平滑与细节的准确表现，使阴影更加自然和真实。

（4）创造艺术效果。阴影与明暗的表现不仅可以准确再现服装的形状和质感，还可以用于创造艺术效果。通过调整阴影和明暗的强度和分布，可以营造出戏剧性的光影效果，增强服装设计作品的表现力和艺术性。

4. 纹理和细节

（1）观察力和分析能力。绘制纹理和细节需要良好的观察力和分析能力。学生需要仔细观察不同类型的纹理，如面料的纹理、装饰物的纹理等，并能够准确地捕捉其特点和细节。通过仔细观察和分析，他们可以更好地理解纹理的构成和表现方式，为后续的绘制奠定基础。

（2）使用合适的绘画技法。不同的纹理和细节需要不同的绘画技法来表现。学生需要掌握各种绘画工具和材料的使用方法，如铅笔、钢笔、彩铅、水彩等，并选择合适的工具来表现不同的纹理和细节效果。他们还需要掌握不同的绘画技巧，如交叉画法、涂抹法、点画法等，以达到准确、细致地表现纹理和细节的目的。

（3）理解材质和质感。绘制纹理和细节需要对服装材质和质感有深入的理解。学生需要研究不同材质的特点和表现方式，如棉布、丝绸、皮革等，以便准确地表达出它们的质感和纹理。此外，他们还需要了解不同光线条件下材质和质感的变化，并能够运用适当的阴影和明暗效果来增强服装设计的立体感和真实感。

（4）细腻的表达能力。

①绘制纹理和细节。服装上绘制各种纹理和细节要求学生具备细腻的表达能力，即能够运用不同的绘画技法，如素描、水彩、色彩渲染等，准确地再现服装上的图案、纽扣、拉链、褶皱等细节。细腻的表达能力可以使设计作品更加精致、生动，并能够吸引观众的注意力和欣赏。学生需要通过不断的练习和观察，掌握绘制各种纹理和细节的技巧，以呈

现真实而立体的效果。

②精细处理细节。精细处理细节是细腻表达能力的重要表现。学生需要对服装的细节进行仔细观察和分析，包括衣物的褶皱、线条的曲度、纹理的质感等，而通过精确的绘画技巧，能够准确地再现这些细节。同时，学生需注意细节的精确度和一致性，确保绘制出的细节与整体设计相协调，并能够传达出设计的意图。

（二）模特与人体比例画法

1. 比例掌握

模特与人体比例画法要求人才熟悉人体各部位的比例关系，从而能够准确地绘制人体的头部、肢体、手足等，保持恰当的比例。了解人体的比例关系对于准确表达服装设计非常重要，因为服装的剪裁和设计需要与人体的比例相协调。人才需要通过学习和实践，掌握人体各部位的标准比例，并能够根据实际情况进行适当调整，确保绘制出符合人体比例的模特形象。

2. 结构把握

模特与人体比例画法要求人才了解人体的骨骼结构、肌肉分布等解剖知识，能够通过绘画准确表达人体的体态和动态。了解人体的结构益于人才把握人体的体型和姿态，使绘制出的模特形象更加真实和生动。人才需要学习解剖学知识，并通过观察和练习，熟悉人体各部位的结构和形态变化，从而能够准确地捕捉到人体的姿态和动作，并将其转化为绘画中的线条和比例。

3. 表现形态

模特与人体比例画法要求人才掌握不同体型、肤色、年龄等特征的人体表现方法，能够根据设计需求绘制具有特定形态的模特。人体的形态因个体差异而不同，同时也受到服装设计要求和风格的影响。人才需要通过学习和实践，掌握表现不同体型的技巧，包括线条的运用、阴影的表现和服装的适应性等。此外，人才还需要了解不同肤色和年龄的特征，能够通过绘画技巧准确地表达出这些特征，使模特形象更加贴近实际需求。

（三）色彩运用与渲染技巧

1.色彩理论

学生需要熟悉色彩的基本知识，具体包括颜色的三要素：色相、明度和饱和度，以及色彩空间和色彩模型的概念。学生需要了解主要的色彩空间，如 RGB（红绿蓝）、CMYK（青黄洋红黑）、HSV（色调、饱和度、明度）等，以及它们在色彩表示和色彩混合中的应用。此外，学生还需了解基本的色彩术语，如互补色、对比色、相近色等，以准确描述和运用色彩。另外，学生需要熟悉色彩搭配原理。学生需要了解色彩的相互作用和关系，以及如何选择和组合不同的色彩来达到所需的视觉效果。通过学习和实践，学生能够准确地选择和运用色彩搭配原则，以表达设计意图，创造独特的视觉效果。

2.色彩渲染

学生运用不同绘画材料和工具进行色彩渲染，能够呈现不同纹理和光影效果。学生需要了解不同绘画材料的特点和应用，如彩铅等，并掌握相应的色彩渲染技巧。基于色彩的明暗变化和渲染技巧，学生能够在绘画中创造出丰富的色彩层次和平滑的过渡效果，具体可以通过使用渐变色和柔和过渡笔触等来实现。精细的色彩层次和过渡处理能够增强服装设计作品的立体感和真实感。通过灵活运用不同的色彩层次、混合和过渡，以及阴影和高光，学生能够展现服装设计中的材质特征，使作品更加真实和立体。

（四）设计整合与表达

1.设计元素组合

（1）综合考虑设计元素。学生需要了解不同设计元素的特点和表达方式，并能够判断它们之间的相互关系和协调性。综合考虑设计元素的特征，学生能够选择并组合适合的设计元素，以使整体设计变得协调与和谐。

（2）规律性与变化性。学生需基于规律性和变化性原则来组合设计元素。规律性指的是根据一定的规则或模式来组合设计元素，如重复、对称等。变化性指的是基于设计元素的差异性和变化性来创造视觉效果，如大小、形状、颜色等的变化。学生需要根据设计的目的和风格，灵活运用规律性和变化性原则，使设计元素的组合既有整体统一感，又有足够的变化和丰富性。

（3）协调与对比。学生要在协调和对比之间找到平衡。协调指的是不同设计元素之间在形状、色彩、纹理等方面存在相似性和和谐性。对比指的是在形状、色彩、纹理等方面存在差异性和对立性。学生需要通过综合考虑设计元素之间的协调与对比关系，以保证整体设计的平衡与张力。

2. 布局与构图

（1）对称与平衡。对称布局是指以左右对称的方式呈现设计元素，创造出稳定、平衡的视觉效果。平衡布局是指在画面上以形状和颜色等平衡设计元素，在视觉上呈现出均衡感。学生需要熟悉对称和平衡原则，并灵活运用它们来构建设计布局。

（2）重点突出。重点突出可以通过将主要设计元素放在画面的中心位置、使用较大的尺寸或较鲜明的色彩来实现。学生需要确定设计的重点，并通过适当的构图方式来突出重点，以增强设计作品的表现力和吸引力。

3. 黄金分割与对角线构图

黄金分割是指将画面分为不同比例的区域，给人以视觉上的和谐感与美感。对角线构图是指沿着对角线方向排列设计元素，展现动态与张力。学生需要了解黄金分割和对角线构图的原理，并灵活运用它们来构建设计布局，在视觉上呈现流畅性和动感。

4. 空间与层次

学生需要通过调整设计元素之间的距离和间隔，充分利用负空间安排，来展现空间感。层次是指通过设计元素的大小、透视和叠加等给人以视觉上的深度和层次感。学生需要熟悉空间与层次原则，并将其应用于设计布局，以增强视觉效果和空间感。

5. 效果图表达

（1）效果图的清晰度。具体设计细节应清晰可见，使观者能够准确地观察理解。学生应该运用精准的线条和准确的比例来描绘设计元素，避免模糊和失真。使用合适的绘图工具和技术，如计算机辅助设计软件或手绘技巧，能够有效提高效果图的清晰度。

（2）注释与标识。设计中学生要添加必要的注释和标识，以便观者准确理解设计的概念和要点。注释可以包括文字说明、尺寸标注、设计理念的简要描述等，以帮助观者更好地理解设计意图和功能。标识可以包括品牌标志、图案名称等，可增加设计的专业性和辨识度。

（3）注意细节和整体效果。设计中学生要注重细节和整体效果的呈现。细节包括衣物的纹理、装饰、纽扣、拉链等，需要通过绘画技巧和注重细节的处理来表现。同时，学生还需关注整体效果的呈现，确保设计作品在效果图中能够呈现出整体的协调性和美感。

三、服装设计软件应用能力

（一）AutoCAD 应用能力

1. 界面和工具熟悉程度

在服装设计与工艺专业中应用 AutoCAD 软件首要熟悉界面和工具。以下是对相关要求的详细论述：

（1）界面布局。学生需熟悉 AutoCAD 软件的界面布局，了解主要工作区域的组成，如绘图区、工具栏、命令行和属性编辑器等。他们需要熟悉界面的功能和操作方式，以便快速找到所需的工具和命令，提高工作效率。

（2）工具功能。学生需了解 AutoCAD 软件的主要工具功能，包括选择工具、绘图工具、修改工具、测量工具等，并熟悉每个工具的作用和使用方法，以根据需要选择合适的工具进行操作。例如，选择工具用于选择和编辑对象，绘图工具用于绘制图形，修改工具用于修改和调整图形，测量工具用于测量尺寸和距离，等等。

（3）快捷键和命令。学生要了解 AutoCAD 软件的快捷键和常用命令。熟悉常用工具的快捷键，学生可快速操作工具而不需要频繁切换鼠标。此外，他们还需要了解常用命令的语法和使用方式，以通过命令行或快捷键执行各种操作。熟练掌握快捷键和常用命令有助于学生提高工作效率和操作准确性。

（4）自定义界面。学生要根据个人需求自定义 AutoCAD 软件的界面，如要根据自己的工作习惯和偏好，调整界面布局和工具栏位置。通过自定义界面，学生可以更好地组织工具和命令，使其更符合自己的工作流程和需求。

2. 服装设计图绘制能力

（1）设计元素的绘制。学生需要熟悉 AutoCAD 软件的绘图工具，包括线段、弧线、曲线、多边形等，而运用这些工具可绘制服装设计图中的各个设计元素，如衣领、袖口、裙摆等。通过精确的绘制，可充分展现服装的结构和形态。

（2）图案和纹理的绘制。学生需要掌握绘制图案和纹理的技巧，而这可以通过使用 AutoCAD 软件的填充工具、阵列工具、图案工具等来实现。根据设计要求，绘制服装上的图案、纹理或装饰元素，可使其具有艺术效果和视觉吸引力。

（3）图像和文字的绘制。学生需要熟悉 AutoCAD 软件的插入图像和文字功能，以便将标志、商标、文字说明等插入服装设计，以增强设计的表达和信息传递效果。学生需要确保插入的图像和文字清晰可辨，与设计整体相协调。

（4）尺寸和比例的准确性。学生在绘制服装设计图时，需充分考虑尺寸和比例要求，以确保绘制的图案细节与实际服装相符合，并与整体设计保持协调。根据标准尺寸和设计要求，精确地绘制服装的各个部分，可以确保设计的准确性和可实施性。

（5）调整和修改能力。学生需要熟悉 AutoCAD 软件的修改工具，如移动、旋转、缩放、修剪等。这些工具可以帮助学生对服装设计图进行调整和修改，以满足设计要求。通过灵活运用这些工具，学生能够及时修正绘制中的错误或不满意的部分，使设计图更加精确和完美。

3. 版型图制作能力

（1）选择适当的样板和尺寸。不同款式、尺码和面料的服装需要相应的版型样板和尺寸。学生要了解不同类型的服装版型，如上衣、裤子、裙子等，以及相应的尺码规范。准确选择适合的版型样板和尺寸是版图制作的基础。

（2）标注重要尺寸和特征。标注尺寸是为了确保服装尺寸准确，便于裁剪和制作。要根据设计要求和尺寸规范，将关键的尺寸标注在版图上，如衣长、袖长、腰围等。此外，学生还需要标注特征性的设计要素，如领型、袖口、口袋位置等，以确保在制作过程中展现设计特点。

（3）调整和优化。版图制作能力要求学生根据需要进行版图的调整和优化。在实际制作过程中，可能需要对版图进行一些修改和优化，以适应不同的需求和材料。要灵活运用 AutoCAD 软件或手工工具，对版图进行调整，如增加或减少版型尺寸、调整剪裁线位置等。通过合理的调整和优化，能够使版图更符合设计要求和实际制作需要。

（4）构造细节表达能力。要能够运用 AutoCAD 软件准确地表达服装的构造细节，包括衣领、袖口、腰部设计、装饰细节等。通过 AutoCAD 工具操作，能够绘制和调整这些细节，使其符合设计意图和服装功能要求。

（二）Adobe Illustrator 应用能力

1. 熟悉工具和界面

（1）工具熟悉程度。设计师需要熟悉 Adobe Illustrator 软件中的各种工具，如选择工具、画笔工具、填充工具、形状工具、文字工具等。在熟悉工具使用方法和功能的情况下，设计师可快速选择和操作所需工具，提高工作效率。

（2）界面布局理解。设计师应该了解 Adobe Illustrator 软件界面的布局，具体包括菜单、面板和工具栏的位置等。学生需要熟悉各个面板的作用，如图层面板、路径面板、颜色面板等。他们还需要了解如何打开、关闭、拖动和调整面板的大小，以便根据需要自定义界面布局。

（3）导航和操作技巧。熟悉工具和界面的设计师应该能够自如地在 Adobe Illustrator 软件界面进行导航和操作。他们需要了解如何缩放、平移和旋转画布，以及如何选择和移动对象。此外，设计师还应该掌握快捷键的使用，以提高操作的效率。

（4）快捷键和工具选项。设计师需要了解工具的快捷键和工具选项。快捷键可以帮助设计师更快速地执行操作，提高工作效率。设计师还应该熟悉工具选项，如调整画笔大小、选择填充颜色、设置描边属性等。在熟悉快捷键和工具选项的前提下，设计师可灵活运用相关工具。

2. 图形绘制和编辑

（1）创建基本形状和线条。设计师应该能够使用 Adobe Illustrator 的形状工具，如矩形工具、椭圆工具、多边形工具等，创建各种基本形状。他们需要熟悉绘制基本形状的方法，并能够设置形状的大小、位置和角度。此外，设计师还需要能够使用画笔工具绘制自由线条和曲线，以便准确地呈现服装设计的线条和轮廓。

（2）路径和锚点调整。设计师应该能够对路径和锚点进行调整，以修改和优化绘制的图形。他们可以使用直接选择工具或笔工具进行路径的编辑，包括添加、删除、移动和调整锚点的位置。通过精确的路径和锚点调整，设计师可以改变图形的形状和线条的流动，使服装设计更精确。

（3）填充和描边设置。Adobe Illustrator 提供丰富的填充和描边设置选项，设计师需要掌握这些选项的使用方法。他们可以选择不同的填充颜色和样式，如纯色、渐变、图案等，以及调整填充的透明度和混合模式。此外，设计师还可以设置描边的颜色、粗细和样式，如实线、虚线、点线等。通过合理的填充和描边设置，设计师能够使图形更加丰富，并突出设计的重点和特点。

（4）图形变换和效果应用。设计师应该了解如何进行图形变换，以呈现多样化的设计效果。他们可以使用缩放、旋转、倾斜和翻转等变换工具，调整图形的大小、方向和形态。此外，设计师还可以应用各种效果和滤镜，如阴影、模糊、发光等，以增强图形的视觉效果和立体感。通过灵活变换图形和应用各种效果，设计师能够创造出独特的服装设计效果。

3. 图案设计和编辑

（1）创建图案。设计师需要掌握在 Adobe Illustrator 中创建图案的技巧。他们可以使用各种工具和形状来绘制基本图案元素，如花朵、几何图形或其他装饰元素。设计师可以使用画笔工具、形状工具和绘制笔工具来绘制自由形状，也可以使用图案工具来创建平铺式的重复图案。通过创建独特且吸引人的图案元素，设计师能够为服装设计增添个性和创意。

（2）编辑图案。设计师需要熟练掌握在 Adobe Illustrator 中编辑图案的技巧。他们可以使用选择工具和直接选择工具来选取和调整图案元素。通过移动、旋转、缩放和变换图案元素，设计师可以创建不同的布局和效果。此外，设计师还可以使用剪切和融合工具来编辑图案的形状和轮廓。通过灵活的图案编辑技巧，设计师能够实现对图案的精确控制和定制。

（3）调整图案属性。在 Adobe Illustrator 中，设计师可以对图案的属性进行调整和修改。他们可以更改图案的颜色、大小和重复方式，以达到不同的效果。设计师可以通过选择合适的填充和描边颜色、调整填充和描边的透明度、改变图案的比例和缩放选项等来定制图案的外观。通过灵活地调整图案属性，设计师能够使服装设计呈现丰富多样的视觉效果。

（4）应用特效和效果。Adobe Illustrator 提供了各种特效和效果工具，设计师可以运用这些工具来增强图案的表现力和创意。设计师可以使用渐变工具来创建渐变色效果，使用透明度和混合模式来调整图案的透明度和混合效果。此外，设计师还可以使用图案笔刷来添加纹理和细节，使用 3D 效果工具来呈现立体感。通过应用特效和效果，设计师能够使图案更加生动、丰富和引人注目。

4. 文件导出和打印准备

（1）文件导出。设计师应该了解如何正确地导出 Adobe Illustrator 文件，以便与其他软件或人员进行协作。在导出文件时，设计师需要考虑以下几个方面：

①文件格式。根据需要选择合适的文件格式，而常见的文件格式包括 AI、EPS、PDF、SVG 等。每种格式都有其特点和应用场景，设计师需要根据具体需求选择最合适的格式。

②分辨率。对于需要打印或发布在网上的设计作品，设计师需要注意分辨率设置。通常，打印品需要更高的分辨率，而在网上展示的图像可以使用较低的分辨率。

③颜色模式。根据输出媒介选择适当的颜色模式，而常用的颜色模式包括 CMYK（适用于印刷品）和 RGB（适用于屏幕显示）。要确保导出文件的颜色模式与目标输出媒介匹配。

（2）打印准备。设计师应该掌握打印技巧，以确保质量和准确性。以下是一些关键考虑因素：

①页面尺寸和边距。在打印准备过程中，设计师需要设置适当的页

面尺寸和边距，确保页面尺寸与目标打印媒介一致，并为边距留出足够的空间，以防止重要内容被裁剪或丢失。

②出血设置。出血是指将图像延伸到页面边缘以避免边缘留白。在打印准备过程中，设计师需要适当进行出血设置，以确保图像能够完整地延伸到出血区域。

③颜色配置。根据目标打印媒介和打印机要求，设计师需要调整颜色配置，包括颜色模式、ICC 配置文件和颜色管理设置等，确保颜色在实际打印中准确再现。

④图像解析度。对于打印作品，设计师需要确保图像具有足够的解析度，以保证打印品质量。一般来说，300 dpi（每英寸点数）是常用的打印分辨率标准。

（三）Photoshop 应用能力

1. 图像编辑和修饰

（1）色彩调整。图像编辑和修饰的关键部分之一是对图像的色彩进行调整。设计师可以使用图像处理软件（如 Adobe Photoshop）中的色彩调整工具，如亮度/对比度、色阶、曲线等，来改变图像的整体色彩表现。通过调整色彩，设计师可以增强图像的对比度、饱和度和色调，以获得更好的视觉效果。

（2）瑕疵修复。在服装设计过程中，相应图像上可能会出现一些瑕疵或不完美之处。设计师需要使用修复工具（如修复画笔、克隆工具、修补工具等）来修复这些瑕疵，使图像看起来更加干净和完美。例如，设计师可以使用修复画笔工具去除图像上的污点或瑕疵，使用克隆工具复制周围的纹理来修复损坏的部分。

（3）高级修饰。除了基本的色彩调整和瑕疵修复，设计师还可以运用一些高级修饰技术来改善图像的效果。例如，他们可以使用图层和蒙版功能来添加特殊效果或调整特定区域的细节。设计师还可以使用滤镜效果，如模糊、锐化、噪点等，来改变图像的整体视觉效果。

（4）图像合成。在一些情况下，设计师可能需要将多个图像合在一起，以展现出独特的设计效果。设计师可以发挥图层和蒙版功能，使用选择工具和调整工具，促进图像的合成和融合。

2. 图案设计和处理

（1）图案创建和编辑。设计师需要掌握在 Photoshop 中创建和编辑图案的技巧。他们可以使用形状工具来绘制基本的几何形状，如圆形、矩形和多边形，然后通过填充和描边的设置来为其添加颜色和纹理。此外，画笔工具也是创作自由度较高的工具，设计师可以使用不同的画笔笔刷来绘制独特的图案元素。

（2）滤镜效果的应用。Photoshop 提供了各种滤镜效果，设计师可以通过应用滤镜来改变图案的外观和纹理。例如，使用模糊滤镜可以创建柔和的效果，而锐化滤镜可以增强图案的细节和清晰度。此外，还有许多其他滤镜可以用于添加纹理、扭曲形状、应用图案填充等，设计师需要熟悉并灵活运用这些滤镜效果。

（3）调整和重复处理。设计师需要掌握图案的调整和重复处理技巧，以便将图案应用到服装设计中。通过 Photoshop 的调整工具，设计师可以调整图案的颜色、亮度、对比度和饱和度等，以适应不同的设计需求。此外，Photoshop 还提供了图案重复的功能，如图案填充、平铺和路径复制等，设计师可以利用这些工具来创建无缝重复的图案效果。

（4）图案库的应用。Photoshop 提供了图案库功能，设计师可以使用其中的预设图案，或者将自己设计的图案保存为图案库中的样式，以便在需要时快速应用到设计作品中。图案库还可以用于管理和组织不同的图案，方便设计师在工作中进行选择和应用。

3. 蒙版和图层管理

（1）蒙版的创建和编辑。蒙版是一种非常有用的工具，可以控制图像的可见性和编辑范围。设计师可以使用蒙版来隐藏或显示特定区域的图像，或者将不同的图像元素组合在一起。设计师可以创建蒙版，然后使用绘图工具来定义蒙版的形状和范围。此外，设计师还可以通过调整蒙版的不透明度、模糊度和其他属性，以实现更精确的控制。

（2）图层的创建、组织和调整。图层管理是 Photoshop 中非常重要的功能，设计师需要了解如何创建、组织和调整图层。通过使用图层，设计师可以将不同的元素分开，使每个元素位于独立的图层上，以便独立编辑和控制。设计师可以创建新的图层，将元素复制或移动到不同的图层上，调整图层的叠放顺序，并对图层进行分组和命名。通过合理的图层管理，设计师可以更好地组织和控制设计元素，便于后续的编辑和修改。

（3）图层样式和效果。图层样式和效果是 Photoshop 中的强大功能，可以为设计元素增加各种视觉效果。设计师可以为图层添加阴影、描边、内外发光、渐变等效果，以增强元素的立体感和视觉吸引力。此外，设计师还可以通过调整图层的不透明度、混合模式和填充方式等，实现更多的创意和表现效果。

（4）图层蒙版。图层蒙版是一种特殊的图层功能，结合了蒙版和图层的优势。设计师可以为图层创建蒙版，以控制图层的可见性和透明度。通过在图层上应用蒙版，设计师可以以非破坏性的方式编辑图层内容，如隐藏部分图像、模糊图像边缘、添加渐变效果等。图层蒙版提供了更高的灵活性和控制度，使设计师能够更精确地调整和修改图层内容。

4. 制作设计板和呈现效果

（1）制作设计板。制作设计板是将服装设计的概念和细节整合在一起，形成视觉呈现画面。设计师可以使用 Photoshop 来创建设计板，并将各种元素组合在一起，包括图像、文字和图形等。以下是制作设计板的关键步骤：

①布局规划。设计师需要考虑设计板的布局，决定每个元素的位置和比例。他们可以使用图层和蒙版来组织不同元素，以确保整体呈现的视觉平衡和美感。

②图像处理。设计师可以使用 Photoshop 的编辑和修饰工具来调整和优化图像。他们可以改变图像的色彩、对比度和明暗，去除不必要的背景或瑕疵，使图像更符合设计要求。

③文字添加。设计师可以在设计板上添加文字，用于说明设计理念、品牌信息或其他相关内容。他们可以选择合适的字体、字号和颜色，并调整文字的位置和对齐方式，以融入整体设计风格。

④图形和装饰。设计师可以添加各种图形和装饰元素，以增强设计板的视觉效果。这些图形可以是矢量形状、线条、边框、图标等，用于突出设计的特点和风格。

⑤细节和调整。设计师需要仔细检查和调整设计板，确保每个元素的细节和呈现效果都符合设计要求。他们可以使用调整图层、滤镜效果和阴影等技巧，以增强设计板的视觉效果和真实感。

（2）呈现效果。通过 Photoshop 可展示服装设计的视觉效果，使观众能够更好地了解和欣赏设计作品。以下是呈现效果的关键要点：

①透视和模拟。设计师可以使用透视工具和变形工具来模拟服装在真实人体上的效果。通过将服装设计图应用到人体模板上，可以呈现出更真实的效果，使观众能够更好地了解服装的外观和流线。

②光影和纹理。设计师可以运用阴影、高光和纹理等效果，增加服装设计的立体感和质感。他们可以使用渐变工具、笔刷工具和纹理覆盖层等，营造出服装所具有的光影变化和材质特征。

③环境设置。设计师可以将设计作品放置在适当的环境中，以增强呈现效果。通过选择合适的背景图像或使用背景特效，可以营造出与服装设计风格相匹配的氛围和情境。

④动态展示。设计师还可以使用 Photoshop 呈现动态效果，如 GIF 动画或短视频。这样可以更生动地展示服装设计的特点和流动性，吸引观众的注意力。

（四）虚拟样衣和三维模拟技术应用能力

1. 虚拟样衣创建与编辑能力

（1）选择合适的服装模板。设计师需要根据设计要求和服装类型选择适合的虚拟服装模板。这些模板通常包括不同种类的上衣、裤子、裙子等，以及各种尺码和款式的变体。正确选择模板能够更好地匹配设计意图，减少后续调整工作量。

（2）进行基本的绘制、剪裁和缝合操作。设计师需要使用虚拟样衣软件进行基本的绘制、剪裁和缝合操作，以构建服装的基本形状和结构，具体包括使用绘图工具绘制线条，应用裁剪工具进行剪裁，使用缝合工具将不同部分连接起来。通过准确的绘制、剪裁等操作，可以建立起服装的基本轮廓和构造。

（3）调整服装的尺寸和比例。设计师需要根据实际需求和目标尺码，对虚拟样衣进行尺寸和比例方面的调整，具体可以通过虚拟样衣软件提供的调整工具和参数进行拉伸、缩放、旋转等。要确保虚拟样衣与设计要求和实际尺码相匹配，使其更贴近真实的服装。

（4）添加细节和面料效果。设计师可以通过虚拟样衣软件提供的功能，为虚拟服装添加细节和面料效果，以增加其真实感和逼真度，具体包括在服装上添加纹理、图案、装饰元素等，调整面料的光泽度、纹理细节、透明度等。通过细致的处理，可使虚拟样衣更加接近真实服装的外观和质感。

（5）调整和修改。在创建虚拟样衣过程中，设计师可能需要进行调整和修改，以满足设计需求和实际效果，具体包括调整服装的线条、形状、细节等，以及修改面料效果和颜色。通过对虚拟样衣的灵活调整和修改，设计师能够更好地呈现设计概念和创意。

2. 三维服装模拟能力

（1）虚拟样衣软件的使用。设计师应熟悉并掌握虚拟样衣软件使用方法，如 CLO 3D、Marvelous Designer 等。这些软件有丰富的工具和功能，能够模拟服装在三维空间的形态、质感和动态效果。设计师需要了解软件的界面、工具和基本操作，以便在虚拟环境中进行服装模拟。

（2）布料仿真。通过虚拟样衣软件进行布料仿真是实现三维服装模拟的关键。设计师需要掌握软件提供的布料仿真工具和参数，如重力、摩擦力和弹性等，以模拟不同类型的面料，使服装在虚拟环境中呈现出逼真的流动性、褶皱和折叠效果。

（3）尺寸和比例调整。设计师应具备调整三维服装模型尺寸和比例的能力。通过发挥虚拟样衣软件的功能，设计师可以根据不同的尺码要求和身体比例调整服装模型，以确保其符合设计要求和实际穿着效果。

（4）细节调整。在进行三维服装模拟时，设计师需要对服装模型的细节进行精细调整，具体包括调整衣领、袖口、腰部设计和装饰细节等，以使其与设计意图和服装功能要求相符。通过软件提供的编辑工具和参数设置，设计师可以对服装模型的各个部分进行准确和灵活的调整。

（5）动态效果模拟。三维服装模拟还要求设计师能够模拟服装的动态效果，具体包括通过虚拟样衣软件中的动画和模拟功能，使服装在不同动作和姿势下呈现出真实的效果。设计师需要调整模拟参数，如关节弯曲度、姿势变化等，以呈现服装在不同环境中的动态模拟效果。

3. 三维服装展示与渲染能力

（1）选择摄像机视角。设计师需要选择合适的摄像机视角，以展示服装的最佳角度和特点。他们可以通过调整摄像机的位置、旋转和焦距来获得理想的视觉效果。适当的摄像机视角能够突出服装的线条、细节和整体效果。

（2）光照设置。设计师应熟悉光照设置，以创造出逼真的光影效果。他们可以调整光源的位置、强度和颜色，模拟不同光照条件下服装的外观和质感。通过巧妙地利用光线的投射和反射，设计师可以突出服装的立体感和细节。

（3）材质设置。设计师需要掌握材质设置技巧，以使服装呈现出真实的质感和面料效果。他们可以使用纹理贴图、反射贴图和透明度贴图等，赋予服装不同部位合适的材质特征。通过调整材质的光泽度、粗糙度和透明度等参数，设计师能够使服装模拟更加逼真。

（4）渲染设置。设计师需要了解渲染软件的使用方法，以获取高质量的渲染图像和动画。他们可以选择合适的渲染引擎，调整渲染参数，如光线追踪的深度、采样率和阴影的质量等，获得更逼真、更细腻的渲染结果。

（5）特效应用。设计师还可以运用特效技术，如景深效果、运动模糊和环境效果等，增加渲染图像的艺术表现力。这些特效可以使渲染结果更具动感和情感，增强服装设计的吸引力和沉浸感。

（6）动画效果。设计师还可以运用三维软件的动画功能，创建服装的动态展示效果。通过设置关键帧和路径动画，设计师可以展示服装在不同动作和姿势下的变化和流动效果，使观众能够更好地了解服装的穿着效果和动态感。

4. 三维模拟数据导出与应用能力

（1）数据导出。设计师需要了解如何将虚拟样衣模拟结果导出为可编辑的三维文件格式，以便在其他软件中进行后续修改和处理。常见的三维文件格式包括 OBJ、FBX、COLLADA 等。导出数据时，设计师应该注意以下几个方面：

①文件格式选择。根据后续应用的需要，选择合适的三维文件格式进行导出。不同的格式具有不同的特点和兼容性，设计师需要根据具体情况进行选择。

②材质和纹理导出。确保导出的三维模型包含与服装相关的材质和纹理信息，这样可以在后续应用中保持模型的外观和质感。

③细节和调整保留。尽量保留虚拟样衣模拟过程中的细节和调整。例如，折皱、褶皱、服装的形状调整等。这样可给予后续应用更多自由。

（2）数据应用。设计师需要了解不同软件和工具对三维模拟数据的应用方式和需求。以下是一些常见的应用方式：

①三维建模软件。设计师可以将导出的三维模拟数据导入三维建模软件，进行进一步的修改、细化和优化，以更精确地调整服装的细节和形状。

②渲染软件。导出的三维模拟数据可以用于渲染软件进行光影效果的处理和优化。通过调整光照、材质和纹理等参数，可以使服装在渲染过程中呈现出更真实和逼真的效果。

③虚拟现实和增强现实应用。导出的三维模拟数据可以用于虚拟现实（VR）和增强现实（AR）。通过将服装模型与虚拟现实或增强现实场景结合在一起，可以进行虚拟试穿、展示和交互体验，使设计师和客户更好地理解和评估服装设计。

④生产流程和样衣制作。三维模拟数据也可以应用于生产流程，用于样衣制作和工艺验证。通过将导出的三维模拟数据导入数控裁剪机或三维打印机，可以准确地制作样衣或样品，并验证设计的可行性和工艺流程。

第二节　服装设计与工艺专业群人才的素质要求

一、职业适应能力

（一）技能灵活性

在这个快节奏的行业中，技能灵活性对于人们应对不断变化的时尚趋势、市场需求和工艺创新至关重要。服装设计与工艺涵盖了多个方面，包括设计创意、材料选择、图案制作、服装构造和工艺技巧等。专业人才需要掌握各种设计软件、手绘技巧、面料性质和加工工艺等多个领域的知识，并能够将其灵活运用在实际的设计和制作过程中。他们应该能够在不同风格、不同材料和不同工艺要求下，调整和组合自己的技能，以适应市场和客户的需求。服装设计与工艺领域不断涌现新的技术、材料和工艺方法。专业人才需要时刻关注行业的最新发展，积极学习和研究新技术，并能够迅速将其应用到自己的设计和工艺实践中。例如，随着数字化技术的发展，3D 打印、智能穿戴等新兴技术已经进入服装设计与工艺领域。具备技能灵活性的专业人才能够快速掌握并灵活运用这些新技术，以满足市场需求。在竞争激烈的服装设计与工艺行业，创新是保持竞争优势的关键。专业人才要敢于突破传统框架，勇于尝试新的设计理念、材料和工艺方法，并灵活运用各种技能和知识，不断探索和创新设计风格和工艺效果，为市场带来新的视觉体验和产品价值。

（二）快速学习和独立解决问题的能力

快速学习和独立解决问题的能力是服装设计与工艺专业人才所必备的重要素质。在迅猛发展的时尚行业中，新材料、新技术和新设计不断涌现，要保持竞争力和创新性，专业人才需要具备快速学习和独立解决问题的能力。首先，快速学习的能力对于专业人才在不断变化的时尚环境中保持更新和提升技能至关重要。他们应当具备高度的学习敏感性和主动性，不断追踪时尚潮流、行业动态和市场需求的变化。通过积极参与行业展览、研究文献、关注社交媒体等方式，他们可以获取最新的设计理念、材料创新和工艺技术。同时，快速学习的能力也要求专业人才具备良好的信息筛选和分析能力，能够准确把握关键信息，快速理解和吸收新知识。其次，独立解决问题的能力对于专业人才在设计和工艺实践中的成功至关重要。时尚设计和工艺过程中常常会遇到各种挑战和难题，如材料选择、工艺流程、质量控制等方面的问题。专业人才需要具备分析问题、提出解决方案和实施计划的能力。他们要能在独立思考的基础上，结合自身的专业知识和经验，迅速找到切实可行的问题解决方案，并能够在实践中有效地执行和调整。要想拥有独立解决问题的能力，专业人才需具备批判性思维和创新性思维，能够挖掘问题的本质，寻找创新解决方法。快速学习和独立解决问题的能力离不开良好的学习方法和实践经验的积累。专业人才应当注重自主学习和实践，建立系统的学习和反思机制，不断提升自身的专业素养。通过参与实际项目和实践活动，积累丰富的实际经验，从而提高对问题的洞察力和解决问题的能力。此外，专业人才还应当保持开放的心态，积极与行业内的专家和同行进行交流和合作，从他们身上汲取经验和智慧，提高自身的综合能力。

（三）良好的沟通和团队协作能力

良好的沟通和团队协作能力对于从事服装设计与工艺工作的人才至关重要。在这个领域中，设计师、制版师、裁剪师等不同角色之间需要紧密合作，以确保设计方案的准确实施和高质量成果的获取。

在服装设计与工艺实践中，设计师需要与客户、生产人员、供应商等各方进行沟通。他们需要准确地理解客户的需求和要求，同时清晰地表达自己的设计意图和要求。

（四）高度的专业精神

第一，高度的专业精神要求专业人才在服装设计与工艺领域持续学习和追求。这个行业不断推陈出新，时尚潮流和技术不断演变，因此专业人才需要时刻保持对行业动态的关注和理解。他们应该主动学习新的设计理念、创意表达方式以及新兴的工艺技术，以不断提升自己的专业知识和技能水平。只有保持积极学习的态度，才能跟上行业的发展步伐，并为设计创新和工艺改进提供源源不断的动力。第二，高度的专业精神要求专业人才对自己的工作高度负责。他们应该具备较强的自我要求和自我约束能力，严格要求自己在工作中的每个环节都达到高标准。在设计构思、材料选择、工艺实施，以及最终成品的质量方面，专业人才都应该保持严谨的态度和精益求精的精神。他们应该对自己的设计作品负责，追求卓越的品质，并不断反思和改进自己的设计方法和流程，以提升设计作品的水平和市场竞争力。第三，高度的专业精神还要求专业人才具备良好的职业道德和职业操守。他们应该遵循行业的道德准则和规范，保护知识产权和商业机密，遵守合同和承诺，并维护客户和企业的利益。他们应该尊重他人的工作成果，尊重合作伙伴的权益，以诚实、公正和透明的态度与他人进行合作。高度的专业精神可使专业人才成为可信赖的合作伙伴，赢得客户和同行的尊重和信任。第四，高度的专业精神还要求专业人才对自己的职业生涯有长远的规划，同时要有远大的目标。他们应该明确自己的职业定位和发展方向，不断追求个人的成长和专业突破。他们应该积极参与行业内的学术研究和专业交流活动，拓宽自己的视野和思维，不断提升自己的行业影响力和专业地位。同时，他们应该保持谦逊和开放的心态，乐于接受他人的建议和意见，以进一步完善自己的专业素养和能力。

二、创业能力

（一）创业创新能力

创业创新能力是指在创业过程中能够提出独特的创新理念和创新解决方案的能力。在服装设计与工艺专业群中，创新能力对于创业者来说尤为重要，因为创新可以使他们在竞争激烈的市场中脱颖而出，提供独特的产品和服务，满足消费者的需求。创业创新能力包括以下几个方面：一是深入了解市场需求。创业者应该通过市场调研和分析，了解消费者的需求和流行趋势。他们需要密切关注时尚潮流、消费者喜好、生活方式等方面的变化，并能够准确地把握市场的需求动向。二是提出创新设计理念。创业者需要有独特的设计眼光和创造力，能够从市场需求中获得灵感，并将其转化为创新服装设计理念。他们应该能够发掘不同的材料、工艺和形式，创造出独特的服装风格和形象。三是探索创新工艺技术。创业者应该关注最新的工艺技术和制造方法，并能够将其应用到服装设计和生产过程中。他们需要不断探索新的材料、工艺和生产技术，提升产品的质量和竞争力。四是强调品牌独特性。创业者可通过独特的设计和创新产品，展现品牌的独特性和竞争优势。他们应该通过创新方式塑造品牌的个性和特色，吸引消费者的关注和认同。五是鼓励团队创新。创业者应该鼓励团队成员进行创新与创造，营造积极的创新氛围。他们应该为团队提供良好的工作环境和资源支持，激发团队成员的创新潜能，并将其转化为切实可行的创新项目和解决方案。

（二）创业商业策略意识

创业商业策略意识是指创业者对商业环境和市场竞争的敏感度和洞察力，以及制定有效商业策略来应对市场挑战和实现商业目标的能力。

1. 创业商业策略意识的重要性

（1）定位市场需求。创业者需要了解目标市场的需求，包括消费者的购买行为、偏好和需求变化。准确地定位市场需求，可以帮助创业者找到合适的产品或服务切入点，满足消费者的需求，获得竞争优势。

（2）竞争分析。创业者需要对竞争对手进行全面分析，了解其产品、定价、市场份额、品牌形象等方面的信息。通过竞争分析，创业者可以发现竞争对手的优势和弱点，为自己的商业策略提供参考，并找到与竞争对手差异化的竞争优势。

（3）制定商业目标。创业者需要明确自己的商业目标，包括市场份额、销售额、品牌知名度等方面的目标。商业目标的明确性可以指导创业者的决策和行动，确保资源的有效利用，并对企业的发展方向和战略做出合理的规划。

2. 创业商业策略意识具体要素

（1）市场调研。创业者需要进行充分的市场调研，了解目标市场的规模、增长率、消费者特征等信息。通过市场调研，创业者可以把握市场趋势，预测未来的发展方向，为制定商业策略提供依据。

（2）品牌定位。创业者需要确定自己的品牌定位，包括品牌的核心价值、目标消费者群体、品牌形象等方面的内容。品牌定位的明确性可以使创业者在市场中拥有差异化竞争优势，顺利吸引目标消费者的关注和认可。

（3）销售渠道选择。创业者需要考虑如何选择适合自己产品或服务销售的渠道，包括线下实体店、电子商务平台、分销渠道等。合理选择销售渠道可以提高产品的曝光度和销售效率，增加市场份额和收入。

（4）定价策略。创业者需要制定出合理的定价策略，并在此过程中充分考虑产品的成本、竞争对手的定价、消费者的支付能力等因素。适当的定价策略可以在满足企业利润要求的同时，吸引消费者购买相关产品，并展现价格竞争优势。

（三）创业项目管理能力

1. 项目规划与目标设定

创业者应该明确项目的愿景和使命，并将其转化为具体的目标和可衡量的指标。同时，他们还应该制订详细的项目计划，明确各项任务和里程碑，并确保项目的整体方向和目标与创业愿景保持一致。

2. 时间管理与进度控制

创业者需要具备良好的时间管理能力，能够合理安排各项任务的完成时间和优先级。他们应该能够制定合理的时间表和进度计划，并对项目的进展进行及时监控和控制。在项目执行过程中，创业者需要注意时间的分配和优化，及时解决项目中的延误和滞后，确保项目按时完成。

3. 资源管理与分配

创业者应当有效地管理和分配项目所需的各种资源，包括人力资源、财务资源和物质资源等。他们应该根据项目需求和优先级，合理配置资源，并确保资源的充分利用和最大化效益。创业者还应该与团队成员和合作伙伴进行有效的沟通和协调，确保资源顺利调配。

4. 团队协作与沟通能力

创业项目通常需要一个团队共同努力来完成。创业者需要具备良好的团队协作和沟通能力，能够有效地与团队成员合作，并推动团队的共同目标。他们应该激励团队成员，营造良好的团队氛围，构建良好的合作关系，以提高团队的工作效率和创造力。

（四）创业风险识别和处理能力

创业风险识别和处理能力是创业者在面对不确定性和风险时，准确地辨别和评估风险，并采取相应的措施来应对和处理这些风险的能力。创业者需要具备辨别和识别各种风险的能力，具体包括对市场风险、技术风险、竞争风险、法律风险等的敏感性和洞察力。创业者应该持续关注市场动态，了解市场趋势和变化，并及时发现可能对创业项目产生负面影响的风险因素。创业者需要对不同的风险进行评估和分析，以确定其对创业项目的潜在影响。他们应该量化风险的程度和影响，并根据评估结果做出合理的决策。通过对风险的分析，创业者能够更好地制定风险管理策略和预案。一旦风险被识别和评估，创业者需要制定相应的应对策略，具体包括确定风险处理的目标、采取的具体措施等。创业者应该根据不同的风险类型和程度，灵活地调整策略，并制定备选方案，以应对风险的不确定性和多样性。创业者需要具备应变能力，能够在面对突发情况和意外风险时，快速做出决策并采取行动。他们应该灵活应对变化，及时做出调整和改变，并且能够在压力下保持冷静和理性。创业风险的处理往往需要团队合作和资源整合。

三、行业洞察力

（一）时尚趋势感知能力

时尚趋势感知能力是服装设计与工艺专业群人才的重要素质之一，对于他们在竞争激烈的行业中取得成功至关重要。时尚趋势的不断演变和变化是服装行业的常态。为了在时尚领域保持敏感度，专业人才需要持续加强对时尚界的关注。他们可以通过参加时装展览、时尚活动和行业研讨会等途径与时尚界保持密切的联系。这样的活动不仅能够使他们接触最新的时尚设计和流行趋势，还能使他们与其他设计师和行业专业人士进行交流和合作，从而扩展他们的视野。此外，专业人才还需要保持对色彩、材质、款式和流行元素等的敏感度。他们应该时刻关注时尚界的变化，了解当前的流行色彩、流行面料以及热门的款式和设计元素。只有对这些细微的变化保持敏锐的感知能力，他们才能在设计过程中及时应用这些时尚元素，满足消费者时尚和个性化的需求。要想拥有时尚趋势感知能力，专业人才需具备独立思考和判断能力。他们应该对时尚趋势进行深入的分析和研究，了解背后的文化、社会和经济背景。只有对时尚趋势有一个全面的理解，才能更好地预测未来的发展方向，并在设计过程中做出正确的决策。在时尚趋势感知能力的培养过程中，专业人才还需要培养自己的审美能力和创造力。他们应该注重观察和感知美的细微差别，培养自己对美的敏感度。同时，他们需要不断挑战自己，勇于创新和突破传统的设计模式。只有具备独特的创造力，才能在时尚领域打造出与众不同的作品，引领潮流。

（二）行业信息获取和处理能力

行业信息获取和处理能力是服装设计与工艺专业群人才所必备的关键素质之一。对于专业人才来说，获取准确而全面的行业信息是为了更好地指导自己的设计工作和适应市场需求。在这个信息爆炸的时代，如何高效地获取和处理行业信息成了一个重要的挑战。行业信息的获取渠道多种多样。首先，专业人才可以利用互联网技术来搜索和浏览相关的行业网站和社交媒体平台，以了解最新的行业动态和设计趋势。其次，他们可以参加时装展览、时尚活动和行业研讨会，与行业内的设计师、品牌代表和专家进行面对面的交流和学习。此外，与供应商、零售商和消费者等各个环节的合作也可以为专业人才提供宝贵的行业信息。通过多种渠道的综合利用，专业人才可以获取更广泛、更深入的行业信息，为自己的设计工作提供更全面的参考和依据。然而，仅仅获取行业信息是不够的，专业人才还需要具备良好的信息处理能力。行业信息的处理包括对所收集到的信息进行筛选、分析、归纳和整合。首先，专业人才需要具备辨别信息价值和可靠性的能力，筛选出真正有用和具有参考价值的信息。其次，他们需要对收集到的信息进行分析和归纳，把握其中的主要趋势和规律。这要求他们具备批判性思维和分析问题的能力，能够从海量的信息中提取关键内容。最后，专业人才需要对不同来源的信息进行整合，建立自己的知识体系和信息网络，以便更好地运用这些信息。

（三）对消费者行为的理解

对消费者行为的理解建立在深入的市场调研和消费者分析基础之上。通过市场调研，专业人才可以获取有关目标消费者群体的数据和信息。这些数据包括消费者的年龄、性别、地理位置、职业等基本信息，以及他们的购买偏好、消费习惯、生活方式等更详细的信息。专业人才应该对这些数据进行仔细研究和分析，以揭示消费者背后的动机和需求。专业人才可以通过访谈、调查问卷、焦点小组等方法来获取消费者的反馈和意见。这些反馈可以涵盖对现有产品的评价、对市场趋势的看法、对品牌形象的认知等。通过对这些反馈的整理和分析，专业人才可以更好地了解消费者的态度、偏好和需求，从而为他们提供更有针对性的设计方案。此外，对消费者行为的理解需要基于对消费者购买决策过程的关注。专业人才应该了解消费者在购买服装时所经历的各个阶段，包括需求识别、信息搜索、评估比较、购买决策和后续行为等。他们需要了解消费者在每个阶段所关注的因素，以便在设计过程中提供相应的解决方案。例如，如果目标消费者注重品质和功能性，专业人才可以将重点放在材质选择和工艺设计上；如果消费者更注重时尚和个性，专业人才可以提供更具创意和独特性的设计方案。

（四）对竞争对手的了解

在竞争激烈的服装行业，了解竞争对手的产品特点是至关重要的。专业人才需要对竞争对手的设计理念、风格特点以及产品线进行全面而深入的研究。通过对竞争对手产品的分析和比较，他们可以发现竞争对手的优势和不足之处，并充分借鉴优点，以便在设计中创造出与众不同的产品。此外，了解竞争对手的市场策略也是专业人才需要具备的能力之一。要密切关注竞争对手的市场推广活动、定价策略以及渠道选择等方面的信息。通过对竞争对手市场策略的分析，专业人才可以了解市场的竞争格局和趋势，从而制定出更加有效的市场营销策略，提高产品的市场占有率。另外，专业人才还需要关注竞争对手的创新能力和技术水平。他们应该了解竞争对手在技术研发、工艺创新和材料运用方面的成就和进展。通过对竞争对手的技术水平和创新能力的了解，专业人才可以不断提升自己的专业素养，并在设计过程中运用先进的技术和工艺，推动行业的发展和进步。

第三节　服装设计与工艺专业群人才的市场要求

一、产品定位意识

（一）客户群识别

在服装设计与工艺领域，识别目标客户群体的能力以及了解其需求和期望的敏感度，对于设计师而言非常重要。对于这个概念的理解不能仅停留在表面，它代表着设计师的洞察力、创新能力以及市场导向思维的运用。服装设计师针对某一特定客户群体进行设计时，需要通过深度研究和观察来了解这一群体的特性、价值观以及消费习惯，同时在设计过程中遵循与目标客户群体的需求和期望相一致的原则，从而使设计的产品满足市场需求。客户群体识别并不是一项一蹴而就的工作，需要设计师长期坚持。在现代快速变化的市场环境中，消费者的需求和期望也在不断地发生变化。因此，设计师需要具有灵活的思维和持续学习的精神，以便适应这些变化，不断刷新对目标客户群体的了解。更重要的是，对客户群体的深入了解和识别，可以帮助设计师在创新过程中更有针对性地进行设计。因为只有深入了解了客户的需求，设计师才能在设计中找到真正能满足其需求的解决方案。并且，这也能让设计师的创新更符合市场规律，更有可能取得商业成功。因此，客户群识别并不只是服装设计与工艺领域的基本要求，更是提升设计师个人能力，以及提升设计作品市场竞争力的关键。深入的客户理解，敏锐的市场洞察，以及基于这些洞察的针对性设计，是设计师在该领域取得成功的重要保证。

（二）心理定位

服装设计和工艺的核心并非仅限于表面的视觉吸引力，还在于能否精准地抓住消费者的内心需求，进一步实现个体的心理定位。心理定位在这里意味着服装设计师需要跳出对物质需求的满足，转而深入洞察消费者的心理动态，对其行为、态度以及感受进行深度解读，以便呈现真正符合消费者心理预期的设计。在这个过程中，服装设计师应主动寻找和挖掘消费者的心理需求，而这需要设计师对社会、文化、历史等多领域进行全面了解，进一步从微观和宏观层面把握消费者的价值观、审美观以及情感诉求。具体而言，宏观层面的了解包括对大众文化、社会趋势的敏锐洞察，微观层面则需关注到消费者个体的生活习惯、人格特质等。同时，心理定位的实现亦需要服装设计师运用合理的设计策略。以消费者心理为出发点的设计策略，不仅符合消费者的实用需求，还能触动消费者的情感，为消费者创造独特的体验。例如，设计师可以通过色彩、材质、剪裁等设计元素，来调动消费者的感官体验，进而激发其内心的情感反应。同时，也可以通过故事化的设计手法，来满足消费者的个性表达、情感寄托等心理需求。

（三）产品功能定位

产品功能定位是服装设计与工艺领域一个核心的考量点。在整个设计过程中，不但美学元素起着至关重要的作用，而且实际功能扮演着决定性的角色。理解产品功能定位基于设计师对市场需求，以及对用户行为的深度解读。它涉及产品在目标市场中的角色、性能和用户期望等多个方面，它为设计提供了方向，并且对于产品的市场表现和用户接受程度有着决定性的影响。产品功能定位首要涉及的是设计目标的明确。设计师应深入研究市场和用户需求，从而为设计提供准确的方向。例如，如果目标消费者群是偏好户外活动的年轻人，那么产品的功能定位可能就会偏向舒适性和耐用性。这种对功能需求的理解和分析将在产品设计的每个阶段发挥作用，包括材料选择、款式设计和生产工艺。此外，产品功能定位也是对市场竞争环境的适应。设计师应充分考虑竞品的功能定位，并在此基础上发掘自身产品的竞争优势。比如，如果市场上已经有大量功能性强但设计平淡无奇的服装，那么设计师就可以将产品功能定位在兼具功能性和设计感上，以满足那些追求独特性和个性的消费者的需求。再者，产品功能定位对于产品生命周期管理也具有重要的指导意义。产品在其生命周期的不同阶段可能会面临不同的功能需求。例如，在产品的初期阶段，可能需要重点关注产品的创新性和独特性，而在产品的成熟阶段，则可能需要更多地考虑产品的耐用性和舒适性。对于这些变化的理解和把握，将有助于设计师在整个产品生命周期做出恰当的设计决策。

（四）产品生命周期管理

产品生命周期管理（product life cycle management, PLCM）是一种管理理念，指引企业管理其产品从诞生到退出市场的全过程，以优化产品的经济效益和满足客户的期望。服装设计与工艺专业人才理解并运用产品生命周期管理对于产品的成功至关重要。

在产品生命周期的初始阶段，即产品的开发阶段，设计师需深入了解市场趋势、潜在客户的需求与期望。他们要将这些信息转化为具体的设计理念和要素，进而设计出满足市场需求的产品。此阶段的关键任务是开发出具有竞争力的产品，同时控制开发过程中需要的成本和时间。

产品生产阶段是将设计转变为实体产品的阶段。这一阶段的挑战在于保证生产出的产品在质量上达标，同时在时间和成本上亦能满足设定的目标。此时，设计师需要和生产部门密切合作，解决生产过程中可能出现的设计相关问题，同时需考虑产品的可持续生产和环保等因素。

当产品投入市场，即进入产品销售阶段，设计师应关注市场反馈，包括销售数据和用户反馈，以评估产品在市场上的表现。这些数据可以帮助设计师和企业更好地了解产品的优势和不足，进而进行必要的产品迭代和优化。

在产品生命周期的最后阶段，即产品退出市场阶段，设计师需要评估产品的整体表现，了解产品何时和为何到达生命周期的尽头。这些都可以为今后的产品设计提供宝贵的经验和教训。

二、商业意识

（一）数据驱动思考

在服装设计与工艺专业群中，数据驱动思考作为核心理念之一，尤为重要。基于思维方式，设计者需要运用大量的业务数据来进行设计决策，而这种数据可能来源于销售数据、市场研究数据和用户反馈等多方面。例如，销售数据能够揭示某一款式、颜色或者面料的受欢迎程度，从而引导设计师在未来的设计中引入或者避免这些元素。市场研究数据则能提供一种宏观的视角，帮助设计师了解和预测市场趋势。用户反馈则能使设计师更好地了解用户的真实需求和偏好，从而改进设计。因此，数据驱动思考为服装设计与工艺专业提供了一种科学、有效的决策工具。

（二）竞争分析

通过深入研究对手的产品，专业群人才可以了解市场当前设计趋势，以及消费者对于各类产品的接受程度。同时，通过研究对手的策略，他们可以确定如何利用各种资源和条件来实现自己的设计目标。因此，竞争分析为服装设计与工艺专业群人才提供了一种有力的战略工具。

（三）客户关系管理

客户关系管理是服装设计与工艺专业群中另一要素。设计者需要确定如何通过设计策略来维护和增进与客户的关系，以提升客户满意度和忠诚度。比如，设计者可以通过提供定制服务，了解并满足客户的独特需求，提升客户满意度。同时，他们也可以通过持续的产品创新和优化，以满足客户日益增长的需求，从而提升客户忠诚度。客户关系管理不仅能够提升企业的品牌形象和市场份额，还能够为企业带来长期的经济效益。因此，客户关系管理对于服装设计与工艺专业群人才来说，是一个必须掌握的重要技能。

三、品牌意识

（一）品牌定位

品牌的核心价值观和定位构成了品牌的基石，对于服装设计师来说，深度理解并保障这一点是他们职业实践中的重要任务。这不仅是他们进行针对性和独特性设计的关键，还是他们在维护品牌形象、推动品牌发展中所用主要工具。品牌定位涉及品牌的目标客户、品牌的独特性、差异化，以及品牌的价值承诺等因素，它描述了品牌在竞争环境中所处的位置，明确了品牌希望在消费者心中构建的形象。例如，一家专注于青年市场的时尚品牌可能会定位为活力、创新和时尚前沿；而一家针对成熟消费者的高端品牌可能会选择优雅、精致和奢华作为品牌定位。设计师需要根据品牌定位来进行设计，将品牌的核心价值观和定位表现在设计中，确保设计与品牌策略的一致性。对于具有活力的创新品牌，设计师可能会选择使用鲜艳的色彩、独特的剪裁和前卫的设计元素；对于优雅和精致的品牌，设计师可能会选择使用高质量的面料、复杂的工艺和经典的设计风格。除此之外，设计师还需要保持品牌的核心价值观和定位。在市场环境和消费者需求不断变化的情况下，设计师需要有能力将品牌的核心价值观和定位延续下去，确保品牌的持久性和稳定性。他们需要在变化中保持一致性，既要符合市场趋势，又要保障品牌的独特性。

（二）品牌形象维护

品牌形象是消费者对品牌的总体认知，这是由品牌的视觉元素、语音信息、品质表现以及消费者的使用体验等综合塑造出来的。设计师维护品牌形象的方式之一便是恰当地使用品牌元素。品牌元素包括标志、色彩、图形、字体等，这些元素在一定程度上决定了品牌的视觉识别度。例如，一个青春活力的品牌可能会选择鲜艳的色彩和动感的图形，而一个典雅的品牌则可能选择低调的色彩和简洁的字体。设计师在设计过程中，需要将这些元素有机地融入设计，以确保设计与品牌形象的一致性。强化品牌形象并不仅仅是在设计中反复使用品牌元素，还要在设计中表达出品牌的价值观和品牌精神。例如，对于一个注重可持续发展的品牌，设计师在设计过程中不仅要使用可再生材料，还要在设计中传达对环境保护的关注，强调环保理念。设计师还要关注消费者对品牌形象的反馈，尽力维护和强化品牌形象。设计师需要关注消费者的反馈，了解消费者对设计的感知，然后调整设计以更加符合消费者的期待和品牌的形象。

（三）品牌故事讲述

在服装设计领域，品牌的故事对于消费者的吸引力不可小觑。设计师的作用在此不仅仅是创造物品，还在于通过设计表达和传递品牌故事，打动消费者，进而提高品牌的影响力和吸引力。在品牌故事传递中，设计师可被视为连接品牌和消费者的桥梁。他们需要深入了解品牌的历史、文化、使命和愿景等，然后通过设计将这些元素巧妙地融合在一起，使每一件产品都成为品牌故事的一部分。例如，设计一件具有民族元素的服装时，设计师可能将某一民族的传统文化、历史、图案等融入其中，使消费者在购买和穿着的过程中，能够感受到品牌所传达的民族文化和故事。通过设计传达品牌故事，设计师不仅能够让消费者充分了解品牌，还能够引发消费者的共鸣，从而增强消费者对品牌的认知和认同，提高品牌的吸引力和影响力。因此，设计师在设计中传达品牌故事是至关重要的。

（四）品牌忠诚度建设

设计师通过设计创造深度的用户体验，以增加消费者的品牌忠诚度，这是一种从产品层面深化用户感知，使他们了解和接纳品牌的方式。设计师在创造这种体验时，需要对每一个环节进行深入探究和细致打磨，从而使产品在功能、感知、情感等多方面与消费者产生深度的互动和连接。

在功能层面，设计师需要深入研究用户的实际需求，并将这些需求转化为产品设计的功能元素。这既包括满足用户的基本功能需求，如舒适、耐穿等，也包括提供给用户额外的价值，如时尚、独特的设计元素。只有产品在功能上满足用户的需求，用户才会愿意购买和使用，从而建立起初步的忠诚度。

在感知层面，设计师需要关注产品如何引发用户的感官反应，具体包括产品的触感、颜色、材质、版型等设计元素如何与用户的视觉、触觉等感官产生互动。例如，一款高品质的服装应具备柔软的质地、恰到好处的剪裁、舒适的穿着感，以及美的外观设计。只有当用户对产品感到满意时，他们才会有更深的情感连接，从而进一步提高品牌忠诚度。

在情感层面，设计师需要关注产品如何触动用户的情感，如何让用户在使用产品的过程中感受到愉悦和满足。这需要设计师从用户的角度出发，了解用户的生活习惯、价值观、审美观等，并将这些理解融入设计，以打造能引发用户共鸣的产品。例如，一款设计独特个性的服装，可以帮助用户表达自我，使他们在穿着时感到满足和自信，从而进一步提高用户对品牌的忠诚度。

第四章 基于产业学院的服装设计与工艺专业群人才培养常见模式

第一节 校企合作人才培养模式

一、校企合作模式的基础内涵

校企合作人才培养模式是一种基于学校与企业紧密合作的教育模式，旨在通过结合学校的教育资源和企业的实践需求，培养符合产业发展要求的高素质人才。这种合作模式在中国近年来得到广泛应用，并逐渐成为高等教育领域的重要实践。

国外校企合作人才培养模式可以追溯到 20 世纪后半叶。在全球化和经济发展的推动下，许多国家开始意识到高等教育与产业发展之间的紧密联系，而且高校应该更重视培养适应实际需求的人才。

德国的双元制模式是校企合作人才培养模式的典范。该模式在 19 世纪末开始形成，旨在将理论学习与实践培训结合在一起。高中阶段分为普通学术课程和职业培训课程两个分支，后者与企业密切合作，使学生在校期间有机会定期到企业进行实习，获得实际工作经验。这种双元制模式既可以使学生获得理论知识，又可以使学生拥有实践技能，顺应企业对于高素质技术工人的需求。美国的学徒制度模式起源于 19 世纪，此模式下学生可进入企业参与实践培训，获得实际工作经验并与导师一起学习技术和技能。这种模式强调实践技能的培养和职业素养的提升，旨在帮助学生顺利融入工作场所。日本的产学合作模式是校企合作人才培养的重要方式。该模式在 20 世纪 60 年代开始形成，强调学校与企业之间的紧密合作，进而推动教育与产业的紧密结合。日本的产学合作模式强调实践教育、产学研结合和就业指导，学生可以在企业进行实习、参与实际项目，以获得实践经验。这种模式的目标是培养具备实践能力和创新能力的人才，为产业发展提供有竞争力的人力资源。加拿大的合作教育模式强调学校与企业的合作，将学习和工作结合在一起。学生在学习期间轮流参与企业实习，通过实践工作来巩固所学知识。合作教育模式使学生能够在真实工作环境中培养实践能力、解决问题的能力和团队合作精神，增强就业竞争力。

国内校企合作人才培养模式可以追溯到我国改革开放初期的职业教育改革。20 世纪 80 年代末 90 年代初，我国经济改革进入快速发展阶段，产业结构发生了巨大变化，对高素质、实践能力强的人才需求迅速增加。在这一背景下，为了提高职业教育的适应性和实用性，学校开始与企业开展合作，将实践教学纳入教育体系，并引入企业的技术和工艺要求。企业参与模式是一种典型的校企合作人才培养模式。在这种模式中，学校与企业建立紧密的合作关系，企业参与课程设计、实习实训和毕业设计等环节，为学生提供实践机会和指导。企业的参与可以使教育更加贴近实际需求，使学生能够接触到最新的工艺技术和市场动态，增强适应产业发展的能力。订单式培养模式是另一种校企合作人才培养模式。在这种模式下，企业根据自身的人才需求与学校达成合作协议，向学校提供人才培养订单。学校根据企业的需求开设相应专业或课程，并根据企业的要求进行培养。这种模式强调学校与企业的紧密协作，学生在校期间就能与企业建立联系，毕业后更容易就业。

随着经济全球化和技术进步，产业结构不断升级和转型，对高素质、实践能力强的人才需求日益增加。校企合作人才培养模式能够使学生在学习期间更好地融入实际工作环境，提前了解行业需求和趋势，增强实践能力和创新意识，从而更好地满足企业对高素质人才的需求。同时，校企合作人才培养模式是企业人力资源开发的迫切需要。企业在面对激烈的市场竞争时，需要拥有具备实践经验和创新能力的高素质员工来推动自身发展和创新。通过与高校合作，企业能够参与人才培养的全过程，与学校共同塑造学生的专业能力和素质要求，为企业培养符合实际工作需求的人才，实现人才供给与企业需求的有效匹配。此外，校企合作人才培养模式也是高校提升自身竞争力的需要。面对日益激烈的高等教育竞争环境，高校需要加强与企业的合作，增强学生的实践能力和就业竞争力，提升毕业生的就业率和就业质量。通过与企业合作，高校能够更好地了解行业的需求和趋势，优化专业设置和教学内容，使教育更加贴合实际和市场需求，培养适应社会发展需要的高素质人才，从而提升自身声誉和竞争力。

二、校企合作在服装设计与工艺专业群课程开发中的作用

（一）校企合作促进课程与实际需求的匹配

校企合作在促进课程与实际需求的匹配方面发挥着重要作用。通过与企业合作，学校能够及时了解行业发展趋势、市场需求以及技术创新，从而调整和优化课程设置，使之与实际需求相匹配。

1. 市场导向的课程设计

校企合作使学校能够更加准确地了解行业市场的需求和趋势。学校可以邀请企业专业人士参与课程设计和评估，听取他们对人才需求的意见和建议。通过与企业紧密合作，学校可以将市场导向的观念融入课程，确保培养出的学生具备符合行业标准和市场需求的知识和技能。

2. 实践导向的课程设置

校企合作为学校提供了丰富的实践资源和机会。学校可以与企业合作开展实践教学、实习和实训项目，让学生亲身参与真实的工作项目。通过实践，学生能够更好地理解和应用所学知识，并了解行业中的实际操作和技术要求。学校可以根据实践反馈和企业意见，及时调整课程内容，使之更加贴近实际需求。

3. 引入最新的行业技术和工艺

与企业进行合作，学校可及时了解最新的技术趋势和创新成果。学校可以邀请企业专家举办技术讲座和培训，将最新的行业技术和工艺引入课程。通过与企业合作进行技术交流等，学校能够及时更新课程内容，使学生具备最新技术和工艺应用能力，满足行业的实际需求。

4. 反馈机制的建立

校企合作建立了学校与企业之间的密切联系和沟通渠道。学校可以与企业合作建立反馈机制，定期了解企业对学生培养的评价和需求变化。企业的反馈可以为学校提供重要的参考，帮助学校及时调整和改进课程，使之与实际需求保持一致。

（二）校企合作丰富课程教学资源

校企合作在服装设计与工艺专业群课程教学中，具有丰富课程教学资源的重要作用。这种合作模式能够为学校提供与企业紧密结合的实践机会和丰富的专业资源，从而有效地提升教学质量和学生的综合素养。通过与企业合作，学校可使学生参与真实的项目和工作场景，接触行业先进的工艺、技术和设备。例如，学校可以与服装生产企业合作，为学生提供实习机会，让他们亲身参与生产流程，了解生产工艺、品质控制等方面的实际操作，不仅能够提升学生的实际操作能力，还能够增强他们对行业的认知和理解。企业作为行业的实际运营主体，拥有丰富的经验和专业知识。学校可以邀请企业的专业人士来校进行授课，分享他们在实际工作中的经验和案例，不仅可以提供给学生与实际工作相关的知识和技能，还能够帮助学生更好地了解行业的运作机制和市场需求。学校往往具有很好的科研能力和资源，而企业在实际运营中面临各种技术和创新需求。通过校企合作，学校与企业可以共同开展研发项目，合作解决实际问题，推动行业的技术创新和发展。这种研发合作不仅能够为学生提供更多的实践机会，还能够促进学校的科研水平提升，产生更多的创新成果。企业在市场竞争中积累了大量的成功经验和失败教训，这些实例可以作为课程教学的宝贵资源。学校可以与企业合作，引入真实的案例，通过分析和讨论，帮助学生更好地了解理论知识的应用和实际操作难点。

（三）校企合作还可以促进产学研结合

产学研结合是指将学术研究与实际应用相结合，通过学校、企业和科研机构之间的合作，实现知识与实践的有机融合，推动产业发展和创新。首先，校企合作在学校和企业之间搭建了密切的合作平台。学校作为知识的生产者，拥有丰富的学术资源和研究能力，而企业则具备实际生产和市场运作的经验与资源。通过与企业的合作，学校能够更好地了解行业的需求和问题，与企业共同开展研究项目。企业的参与可以为学校提供实践问题和挑战，激发教师和学生的研究兴趣，推动学术研究与实际应用的结合。其次，校企合作为科研机构提供了更广阔的合作机会。科研机构通常承担着技术创新和前沿研究的任务，而与企业的合作可以将科研成果转化为实际应用，推动技术创新和产业发展。通过与企业合作开展产学研项目，科研机构能够更好地了解实际需求，研发解决实际问题的创新技术和方法。与此同时，企业的参与也可以为科研机构提供实验场地、数据资源等支持，促进科研成果的应用和推广。最后，校企合作为学生提供了实践机会和创新平台。通过与企业合作，学生可以参与实际项目，将所学知识应用于实践，锻炼解决实际问题的能力和创新思维。在产学研合作项目中，学生可以与企业的工程师、设计师等专业人士进行合作，学习他们的经验和技能，拓宽自身的专业视野。这种实践机会和创新平台为学生的个人成长和职业发展奠定了坚实的基础。

（四）校企合作为学生提供就业机会和职业发展平台

实习期间，学生可以接触实际工作环境，了解行业的运作和需求，并将所学知识与实践结合在一起。实习经验不仅有助于学生提升专业素养，还有益于他们积累实际工作经验，提高就业竞争力。另外，校企合作为学生提供了就业推荐和招聘渠道。合作企业往往对学生有一定的了解，能够评估学生的实际能力和潜力。因此，企业往往愿意从校园招聘合作过的学生，这为学生提供了更多的就业机会。学校与企业合作可以为学生提供就业推荐、内推或直接就业的机会，缩短学生与企业之间的距离，提高学生就业的成功率。校企合作还为学生提供了职业发展的平台。与企业合作的学生可以直接接触行业内的专业人士和业务经验丰富的员工，从中学习实际工作中的技能和知识。学生可以借助企业合作的平台，展示自己的才华和能力，建立起与企业员工的良好关系，拓宽职业人脉。这为学生未来的职业发展提供了有力的支持和契机。校企合作可以帮助学生更好地了解行业需求和趋势，提前进行职业规划。通过与企业的合作，学生能够深入了解行业的发展动向、市场需求和就业前景。他们可以通过与企业的互动和合作，了解专业技能的要求、岗位需求和职业发展路径，从而更加明确自己的职业目标，并进行针对性的学习和准备。

三、服装设计与工艺专业群实践教学中校企"无缝"对接

在服装设计与工艺专业群实践教学中，校企"无缝"对接是一种关键的合作模式，可提供给学生与企业实际工作环境紧密结合的机会，旨在培养学生的实践能力和创新思维。这种模式不仅有助于学生将理论知识应用到实际问题，还能促使企业更好地了解学生的能力和潜力，为学生提供更好的就业机会。

（一）与企业合作开展项目

与企业合作开展设计项目是一种常见的实践教学模式，对于服装设计与工艺专业群的学生而言，这种合作方式具有重要的意义。校企合作举办设计竞赛的情况下，学生有机会直接接触真实的行业需求和挑战，从而提高创新能力和设计水平。这种校企合作模式的有效性可以由某大学服装设计专业与一家著名时尚品牌合作的案例加以证明。在这个案例中，学生与时尚品牌合作，共同设计新的系列产品。学生可充分发挥所学的设计技能，同时获得企业导师的指导和反馈。这种合作模式下，学校和企业无缝对接，为学生提供了宝贵的实践机会。学生通过与时尚品牌的合作，不仅能够将所学的理论知识应用到实际设计中，还能够更好地理解行业的趋势和需求。通过与企业导师的互动，学生可得到专业的指导和建议，进一步提升设计水平。校企合作成功开展设计项目不是个例，而是一个普遍存在的现象。一项针对校企合作的调查研究表明，学生参与校企合作项目后，其设计能力和创新思维能力明显提升，同时更加了解行业的发展趋势和市场需求。这进一步证明了校企合作对于学生的职业能力培养具有重要意义。除了学生个人的成长和发展，校企合作在推动行业创新和发展方面也起到了积极的作用。学校与企业之间的合作促进了知识和技术的交流，推动了创新的产生和传播。学校作为知识的源泉，可以为企业提供前沿的理论知识和研究成果，而企业则能够将实际问题和行业需求反馈给学校，从而实现双方共赢。

（二）与企业合作推行导师制度

校企"无缝"对接在服装设计与工艺专业群实践教学中的重要性不言而喻。为了实现这一目标，学校与企业可以合作推行导师制度，邀请企业专业人士担任学生的导师。这种合作模式不仅能够使学生获得来自行业的真实指导和建议，还能为他们提供个性化的学习计划和实践机会，促使他们在实践中不断提高综合能力。

导师制度的核心是将企业专业人士引入学生的学习过程，充分利用他们丰富的行业经验和知识。通过与导师的交流和互动，学生可以更好地了解行业趋势、技术发展和市场需求。导师会根据学生的兴趣和能力制订个性化的学习计划，确保学生能够在专业领域得到全面发展。这种一对一的指导和关注有助于学生发现自己的潜力，并探索更广阔的职业发展道路。

导师制度还为学生提供了丰富的实践机会和项目指导。通过与导师合作，学生可以参与实际的行业项目，了解和解决实际问题。在实践中，学生不仅可增强实际操作能力，还可培养解决问题和团队合作能力。例如，学生可以参与企业的产品设计和开发过程，学习如何将创意转化为实际产品，并了解产品的市场定位和推广策略，而这种实践经验对学生的职业发展具有重要的意义，使他们能够更好地适应行业需求并提升竞争力。导师作为行业内的知名专家，可以向学生分享实际工作中的经验和教训。这种直接的交流和指导有助于学生更好地了解行业趋势和技术发展，以及如何在实践中应用相关知识和技能。学生可以通过与导师的交流，了解不同领域的专业要求和发展机会，从而更好地进行职业规划。此外，导师还可以帮助学生建立行业内的人际关系网络，为他们未来的就业提供更多机会。导师制度在提高学生的综合素质和就业竞争力方面发挥了积极的作用。在导师指导下，学生能够更好地发展自己的专业能力和职业素养，增强自信心和自我认知。

（三）安排实习和实训机会以促进校企"无缝"对接

安排实习和实训机会是促进校企"无缝"对接的重要手段之一。通过参与企业的实际工作，学生能够将所学的知识和技能应用到实践中，从而有效增强实际操作能力和解决问题的能力。在服装企业的生产线上进行实习是一种常见的实践教学方式，学生可以参与服装制作的各个环节，包括选材、设计等。他们可以亲身体验整个生产过程，了解每个环节的重要性和相互关联。例如，在实习期间，学生可以参与面料的选择和采购，与设计师合作进行样衣制作，进而参与实际生产。这种全方位的参与使学生能够获得全面的实践经验，并深入了解服装行业的运作。实习经历不仅可帮助学生提升实际操作能力，还可使他们增强解决问题的能力。在实践中，学生经常面临各种挑战和难题，如面料不符合要求、生产进度延误等。他们需要运用所学的知识和技能，结合实际情况，迅速找到解决问题的方法和策略。通过解决实际问题，学生可慢慢增强分析、判断和决策能力，提高在工作中应对复杂情况的能力。研究数据显示，参与实习的学生在毕业后就业率明显提高，并且平均起薪也更高。这一结果说明实习经历对学生的职业发展有积极的影响。实习使学生与企业建立了紧密的联系，增强了他们在求职过程中的竞争力。同时，基于实际工作经验，学生能够展示出更强的实践能力和适应能力，这使得他们更具吸引力和价值，从而得到更多就业机会。因此，安排实习和实训是促进校企"无缝"对接的重要举措。

为了更好地实施校企合作实践教学模式，学校和企业应加强合作，建立稳定的实习渠道，提供更多的实践机会，以培养出适应行业需求的高素质人才。

四、校企合作模式对服装设计与工艺专业群学生就业的影响

（一）校企合作模式使得学生培养与产业需求更加匹配

当学校与企业紧密合作时，其可以深入了解行业的最新发展趋势、技术创新和市场需求。通过与企业专业人士的合作，学校可以及时调整和优化课程设置，确保学生所学的知识和技能与行业要求相一致。例如，一所服装设计与工艺专业群的学校与一家国际知名时尚品牌合作，共同开展课程项目。品牌公司将自身的设计理念、流行趋势和市场需求与学校的课程内容结合在一起，确保学生在学习过程中接触到最新的时尚潮流和设计理念。这种紧密的校企合作模式可以提高学生的专业素养，使他们具备与行业接轨的能力。

（二）校企合作模式有助于培养学生的职业素养

通过校企合作项目，学生能够接触到真实的工作环境，了解职业中的各个方面，包括工作流程、岗位要求、工作压力等。与企业员工的合作使得学生能够亲身体验职业中的挑战和机遇，提前适应职业环境。在实际项目中，学生需要与企业员工共同合作，解决复杂的问题，完成既定任务。通过与企业员工的互动，学生能够学习与不同背景和专业的人合作，提高团队协作能力。此外，校企合作模式也注重培养学生的创新思维和问题解决能力。在实践项目中，学生常常面临各种复杂的问题和挑战，需要运用所学知识和技能，提出创新解决方案。除了团队合作和问题解决能力，校企合作模式下还注重培养学生的职业道德和职业规范。在与企业员工的合作中，学生能够学习到行业内的专业标准和职业道德要求。例如，在企业实习时，学生需要遵守企业的规章制度、保护商业机密和知识产权，养成诚信等职业态度。

（三）校企合作模式为学生提供了更多的就业机会

校企合作为学生提供了实习和实训机会，有助于他们积累宝贵的工作经验。通过与企业合作，学校可以安排学生到企业进行实习，让他们亲身参与实际项目和工作流程。这样的实习机会使学生能够将课堂所学的知识应用到实践，了解行业的工作环境和要求。同时，实习也为学生与企业建立联系提供了机会，使他们有可能在实习结束后得到就业机会。实习经历不仅丰富了学生的简历，还展示了他们在实际工作中的能力和适应能力，提高了他们的竞争力。通过与企业建立紧密联系，学校能够获得企业的招聘信息和内部推荐机会。企业往往会将校园招聘活动视作重要的人才引进途径，而通过校企合作，学生可以获取更多信息并参与招聘过程。合作企业对学校的毕业生通常持有更加积极的态度，因为他们对学生的实际能力和潜力有更全面的了解。因此，学生通过校企合作可以获得更多的面试机会和就业机会，提高就业成功率。合作企业往往会派遣专业人士或企业高层到学校举办讲座、研讨会或指导活动，与学生进行互动和交流。这种直接接触可以帮助学生更好地了解行业的最新发展动态、就业趋势和技术要求。学生可以借此机会向行业专家请教问题、寻求职业建议，拓宽自己的职业视野，提高自己的就业竞争力。

第二节　工作室制人才培养模式

一、工作室制人才培养模式内涵

工作室一般指由个人或小团队创办的专注于特定领域工作的空间或机构，如艺术、设计、科研、技术开发等。这种组织形式通常以创新、专业和灵活著称，能够提供有利于创意生成、专业技能提升和个人或团队成长的环境。在教育领域，工作室制则指一种模拟真实职场环境，以实践和创新为核心的教学模式。这种模式主要强调学生的主体性，鼓励学生在教师的引导下主动学习，通过参与实际项目，增强自身的专业技能和创新能力。

工作室制人才培养模式源自对实际工作环境的模拟，以强化学生实践技能和应用能力为主导。该模式扭转了传统教育模式的主导地位，让学生的参与度大幅提升，进而以创新思维为基础，培养专业技能强、创新能力高的实战型人才。此种模式脱胎于设计公司的运作模式，打破了学校教育的固有模式，以更加接近实际工作环境的方式，提供一种全新的教学体验。在这个模式中，每一位学生都扮演着重要角色，不再是被动地接受知识，而是积极主动地参与实践，切身体验和应用专业知识。工作室制人才培养模式凸显了实践性与创新性。该模式不再是教师的"独角戏"，而是学生自主学习、积极参与的舞台，倡导知识的互动共享。通过参与真实的项目设计，学生可在实践中领悟和运用专业知识，熟悉和掌握各类专业技能，从而在完成学业的同时，积累丰富的实践经验，提升专业技能。

二、工作室制服装设计与工艺专业群人才培养模式的常见形式

（一）服装品牌设计工作室

服装品牌设计工作室在高等教育中的地位日益凸显，它以市场需求为指向，把握潮流趋势，培养学生独立思考、创新设计和商业运营能力。服装品牌设计工作室是一个跨学科的培养模式，融合了设计、艺术、文化、营销等多方面的知识，旨在培养学生对品牌服装设计的全面理解和应用能力。这种工作室模式着重培养学生的品牌意识，教导他们学会如何运用设计技巧和创新思维，来建立独特的品牌形象。在实际教学过程中，学生会被鼓励对潮流趋势进行研究，并基于此进行设计。他们也会被教导如何对自己的设计进行品牌化，从而创造出具有辨识度和影响力的产品。通过这种方式，学生不仅可以提升自身的设计能力，还能学习到如何进行市场营销和品牌推广。上海市某产业学院的服装品牌设计工作室就是此模式的优秀代表。他们与众多知名服装品牌有紧密的合作关系，为学生提供了丰富的实践机会。他们每年都会举办一次大型的时装展览，学生在此展示自己的设计作品，并向业界和公众解读自己的设计理念。同时，该工作室为学生提供了创业支持，可帮助他们将自己的设计理念转化为真正的产品，并引导他们开展品牌推广。据统计，该工作室已经孵化出 50 个以上的独立品牌，部分毕业生的品牌在全国范围内有一定的影响力，甚至有的品牌已经走出国门，赢得了国际市场的认可。

（二）成衣设计工作室

成衣设计工作室是服装设计与工艺专业群人才培养模式中的重要一环，此模式以设计和制作成衣为核心，旨在让学生从理论到实践全面掌握成衣的生产过程。

1. 设计理念

成衣设计工作室在培养学生的过程中，会先注重学生对于设计理念

的理解和掌握，让学生明白服装设计不仅仅是技术层面的绘画和制作，还是对于人性、文化、审美等元素的深度理解和巧妙运用。学生需要学习如何从广泛的社会文化背景中提取设计灵感，如何将这些灵感转化为具体的设计元素，以及如何将这些元素合理地融合到成衣设计中。

2. 技术培训

在学生具备了一定的设计理念之后，成衣设计工作室会进一步对学生进行技术层面的培训。这包括学习关于面料选择的基本知识，即如何根据设计需求来选择适合的面料；学习裁剪技术，即如何根据设计图纸来进行精准的裁剪；学习缝制技术，即如何利用各种缝纫设备来完成成衣缝制工作。

3. 实践应用

在掌握了基础理论和技术之后，成衣设计工作室会组织学生进行实际的成衣制作。这种实践应用是提升学生技能的重要环节。通过实践，学生可以更直观地理解设计理念和技术的运用，也可以在实践中发现自己的不足，从而有针对性地进行改进。

以北京某工艺学院的成衣设计工作室为例，该工作室充分利用了校企合作的优势，与多家知名成衣品牌进行了深度合作，提供了丰富的实习机会给学生。这让学生有机会亲身参与成衣的设计和生产，从而进一步提高自己的技术水平和职业素养。

（三）样衣制版工作室

样衣制版工作室，即专注于样衣制版技能的工作室，是服装生产流程中至关重要的环节。这种培养模式的特点是使学生紧密地与行业对接，使他们在学习过程中深度了解并适应行业的需求。这一模式的培养目标是使学生掌握样衣制版的相关技能，以期在毕业后迅速融入工作环境。

样衣制版是服装生产中的关键环节，包括样衣的裁剪、缝制和修改等步骤。这一过程对于保证最终产品的质量和效果至关重要。样衣制版工作室的设置，使得学生有机会直接接触到真实的生产环境，进行切实的操作实践。

对于学生来说，参与样衣制版工作室的学习活动，不仅可以获得实践经验，还可以对理论知识进行深化理解。在实践中，学生可以亲自进行样衣的裁剪、缝制和修改，亲自体验整个过程中的问题和挑战，从而进一步理解和掌握相关的知识和技能。

一家位于广州的职业学校的样衣制版工作室就是一个很好的例子。该工作室与多家成衣制造企业建立了紧密的合作关系，通过实际的项目让学生参与到企业的生产活动中。这一模式使得学生在学习过程中能够及时了解行业的最新发展和需求，提高实际操作能力和就业竞争力。据统计，该工作室至今已为广东地区的成衣制造业输送了超过 5 000 名专业人才。

三、工作室制服装设计与工艺专业群人才培养模式的构建

（一）工作室的具体设置

工作室的实体设定在塑造教育环境、推动学生发展方面发挥着重要作用。在这个关键点上，需深入考虑的首要因素是工作室空间的配置。确保足够的空间不仅有利于实践活动的展开，还可为学生提供舒适的学习环境。一个充裕的工作区域能使学生自由发挥创造力，也能让他们充分进行团队合作。设施的现代化和完备性是另一个重要的考量点。服装设计与工艺专业群学生所需的工具，如缝纫机、电脑绘图设备、裁剪工具等要保持更新，符合行业发展和科技进步的趋势。例如，计算机辅助设计（CAD）技术的使用已成为行业标准，因此工作室必须配备能够使相关软件运行的计算机设备。除了硬件设施，软件资源充足同等重要，具体包括各类设计软件、专业资料库、线上学习资源等。良好的软件支持能够让学生掌握最新的设计工具，获取最前沿的行业信息，提高自身的竞争力。同时，材料供应的充足性也不容忽视。面料、线材、扣子等常用材料应保持充足的存货，以满足学生在设计过程中的需要。更进一

步，工作室应该提供各种类型和风格的材料，使学生能够尝试和探索不同的设计方案。此外，安全设施的完备性是必须考虑的一点。工作室应配备消防设备，安排定期的安全检查，并对学生进行安全教育，尽力防止任何可能的安全事故。

（二）开发与企业项目对接的课程包

在构建工作室制服装设计与工艺专业群人才培养模式的过程中，开发与企业项目对接的课程包显得尤为重要。这种模式对于学生增加实战经验和理解行业需求具有重要的作用，也有利于他们增强职业素养和就业竞争力。课程包的设计应着眼于行业的实际需求，反映出企业的生产、设计和管理过程，使学生能够在实践中加以体验，从而更深入地了解和掌握相关的知识和技能。例如，某课程包可能涵盖设计思路的形成、素材的选择、样衣的制作、最终产品的市场推广等一系列内容，可让学生了解到产品的全生命周期。对接企业项目的课程包可以使学生深度了解和体验行业的现状和未来趋势，从而更好地调整自己的学习和发展方向。以杭州某产业学院与多个服装品牌企业的合作为例，学院的课程包包含了企业的实际项目，学生可以在项目中获取真实的业务经验，提升自己的职业技能。此外，与企业对接的课程包可以帮助学生提升就业能力。通过在课程中接触实际项目，学生可以了解到行业的具体需求，明确自己的职业定位，从而更好地为毕业后的就业做准备。例如，在处理项目中的问题时，学生需要运用自己的沟通能力、团队协作能力等软技能，这些都是现代职场中非常重要的素质。在开发与企业项目对接的课程包时，还需要注意与学生的学习需求和能力相匹配。不同的学生可能对不同的内容感兴趣，也有不同的能力和优势。因此，课程包应当尽可能地包含各种各样的内容和任务，以满足不同学生的需求，帮助他们发现和发挥自己的潜力。

（三）以项目为导向设计教学方案

项目导向的教学方案对于服装设计与工艺专业群人才培养具有深远

影响。该模式强调实践操作与理论知识的结合，更具教育意义。在此模式下，学生可参与实际设计项目，而这些项目与真实的市场需求和行业趋势紧密相连。例如，学生可能被要求设计一个属于自己的服装品牌，或者为特定的客户群体制作成衣系列。这些项目不仅需要学生发挥他们的设计技能，还需要他们了解和考虑市场因素，如消费者需求、价格策略、品牌定位等。项目导向的教学方案强调在真实环境中学习和应用知识。这种方式使学生有机会在安全的学习环境中犯错误，不断积累经验，尽可能避免将来在职业生涯中承受由错误引发的严重后果。学生可以在实践中改进自身技能，而教师可以提供实时反馈，帮助学生识别和改正错误，提高他们的设计能力。此外，项目导向的教学方案也对学生的团队合作能力提出了高要求。在许多项目中，学生需要与他人一起工作，分享想法，协调工作流程，解决冲突。这些经验可使他们做好毕业后进入职场的准备，因为在现实世界中，他们很可能需要与来自不同背景的人合作。成果展示是项目导向教学的一部分。在这种环境下，学生需要向他人展示和解释自己的设计，而这则离不开良好的口头和书面表达能力。

（四）工作室负责人的选拔与培养

工作室的有效运营离不开负责人的科学管理与高效领导。负责人的角色定位不仅是专业知识的传递者，还是整个工作室运行的主导者，他们的能力和素质直接影响工作室的发展和学生的学习成果。因此，工作室负责人的选拔与培养成为服装设计与工艺专业群人才培养模式构建中的重要环节。对于负责人的选拔，需要考虑候选人的专业能力、教学经验、管理技能和人际交往能力等多方面因素。专业能力是基础，保证了负责人能够准确理解并传递专业知识；教学经验则影响教学效果和学生的学习体验；而管理技能和人际交往能力则是保证工作室高效运营的重要条件。这四方面因素构成了选拔工作室负责人的核心标准。例如，某职业学校在招聘工作室负责人时，特别强调了以上四方面能力的重要性，最终选拔出了一位既有丰富教学经验、专业素质高，又具备优秀管理技能和人际交往能力的负责人，从而使工作室的运营更加顺利。在负责人培养方面，要着重提升其在岗位上的综合能力，而常见的培养方式包括定期的在职教育和培训、学术交流活动、参与企业实践等。在职教育和培训可以帮助负责人更新知识、提升技能；学术交流活动则可以拓宽负责人的视野，使其了解教育领域的最新动态；参与企业实践则能增强其理论与实践相结合的能力。对于工作室负责人的培养，一所上海的职业学校给出了很好的示范。该校为工作室负责人提供了丰富的培训机会，包括定期举办的专业研讨会、教育论坛，以及与企业的合作项目，这样不仅提升了负责人的专业能力，还增强了他们的教学和管理水平。

第三节　"职业模拟"人才培养模式

一、职业模拟人才培养模式概念阐释

在当今服装设计教学环境中，一种创新教学方式正在受到越来越多的关注——职业模拟人才培养模式。这种模式突破了传统的理论教学，而转向更具实际性和可行性的实训方法，目的在于解决一个普遍存在的问题，即服装设计类专业的学生在面临品牌研发和市场运作的真实挑战时，往往会出现不适应的现象。"职业模拟"是一种教育和培训方法，通过创建与真实工作环境相似的模拟环境，让学生或培训者可以参与真实的工作。这种模拟可以涵盖各种不同的职业领域，如医学、法律、商业、工程等。在这个环境中，学生或培训者可以模拟执行他们未来可能在真实工作场所中执行的任务，进行相应实践。职业模拟的优点在于，它为学生提供了一个安全的环境，使他们可以在不担心犯错误的情况下，尝试新的技能。同时，通过模拟真实的工作场景，也可以帮助学生了解和体验他们未来可能遇到的各种工作情境，更好地准备进入职业生涯。此外，职业模拟也可以通过模拟真实的工作压力和决策场景，帮助学生学习如何处理压力、如何进行有效决策，以及如何与他人合作。这对于他们未来的职业生涯是非常有益的。在设计和实施职业模拟活动时，教育者或培训者需要仔细考虑如何设计模拟环境和任务，以确保尽可能真实。

职业模拟人才培养模式基于透明化、公正性和激励性，将学生置于一个模拟的现代服装企业环境中。在这个环境中，学生能够全面接触从设计到销售的全过程，包括各种职业岗位的管理方式和运作方式，进一步了解服装设计师职业岗位的优秀管理方式和先进管理理念。

这种模式遵循主体性原则、启发性原则和激励性原则，为学生提供了一个可以主动学习和进行创造的平台。教师在这里不再是传统意义上的讲授者，而转变为模拟服装设计管理人员，他们通过一系列设计案例分析，启发学生的主角性、创新性思维，同时引导他们积极参与互动。

在模拟职业环境中，学生根据兴趣自由成组，可选择角色包括首席设计师、设计师、设计助理和营销管理人员等，而每个角色都有其特定的职责和要求。在此模拟活动中，每个学生都可慢慢提升职业素养，增强集体荣誉感。更值得一提的是，这些模拟的工作经验可以写入他们的求职简历，为他们未来的职业发展提供一份助力。

二、职业模拟人才培养模式的内容与方式设计

本文主要探讨和强调"职业模拟"实训模式在高校服装设计与工艺专业的教学应用。此模式的出现源于对现有教学方法的反思和批判，只应用传统理论教学方式，无法充分满足市场对具备创新能力、复合能力、抗压能力、高素质，且具备职业化水平的人才的需求。在复杂且具有高度创新性的服装设计行业，这种人才需求尤其迫切。

基于这一理念，"职业模拟"实训模式以"体验式启发式教学"为主轴，通过实训环境模拟，将学生置于真实的工作场景，使他们有机会实

际操作和体验工作过程。同时，本模式也强调"文化内涵与思想素质、毅力、职业精神的培养"，帮助学生明确低岗位高素质的心理定位，培养学生团结协作的做事习惯，进而提高学生的职业道德和职业精神。

为了更加顺利地实现教学目标，本模式采用了"校企互动"的方式，将课堂搬进了企业内部。这样的方式既为学生提供了接触实际工作的机会，也可以根据服装设计岗位的实际需求，如男装设计、设计研发训练、市场调研等具体业务，为学生提供针对性的训练，提升学生的角色感。

本模式实施过程中，根据教学内容的不同，采用了"实际性、定向性、专题性、多向性和一般性"的培养方式，如在市场调研阶段和设计图绘画阶段，以专题性培养特点为主，使得学生能够对服装设计岗位的需要和工作目标有更深入的了解。

三、职业模拟人才培养模式的一般实施过程

（一）确定研发小组

在职业模拟人才培养模式中，确定研发小组是为了组建一个稳定合作、具有长期研发方向的团队。

在确定研发小组时，有两个关键要素需要考虑：成员之间的合作稳定性和设计风格的一致性。成员之间的合作稳定性是指成员之间相互配合、协作默契，能够共同面对项目中的挑战和困难。设计风格的一致性是指成员在设计方面有统一或相似的风格倾向，这有助于小组在研发过程中形成一致的风格定位。

为了确定研发小组，可以进行以下步骤：

（1）技能匹配。考虑每个潜在成员的技能和专长，确保小组中的成员能够相互补充和协作，而不同的技能包括设计、制图、材料研究等。

（2）兴趣和动力。了解每个潜在成员对职业模拟人才培养模式的兴趣和参与动力，确保他们对参与研发小组有高度的积极性。

（3）设计风格。讨论并确定小组成员之间的设计风格是否相近或具

有一致性，而具体可以通过查看他们的作品集或组织他们共同进行一些设计练习来评估。

（4）团队配合。考虑小组成员之间的团队配合能力，包括沟通能力、协作能力和解决问题的能力，具体可以通过面试或团队合作试验来进行评估。

在确定了研发小组的成员后，还需要确保小组具有长期的研发方向。这意味着小组成员应该共同选择一个稳定的研发方向或领域，在该方向上持续进行研发实践，具体可以通过小组成员之间的共同讨论来达成，确保小组成员有共同的目标和愿景。

（二）品牌定向研发调研

品牌定向研发调研是职业模拟人才培养模式中的关键步骤之一。它要求在研发方向上进行调研，以选择固定品牌并确定市场定位，为后续的模拟设计提供基础和方向。

1. 品牌选择

在品牌定向研发调研中，首要选择一个具体的品牌作为研发的对象。选择品牌时，要考虑小组成员的兴趣、专业背景以及市场需求等因素，同时确保所选品牌具有一定的知名度和市场潜力，以便进行后续的研发调研和设计实施。

2. 市场定位

在选择品牌后，需要进行市场定位研究，具体包括确定该品牌在市场上的目标消费群体等。通过调研分析品牌的定价策略、市场份额等因素，可了解该品牌在市场中的竞争地位和发展趋势。

3. 跟踪调研

在确定了品牌的市场定位后，需要持续进行跟踪调研，具体包括密切关注该品牌在特定季节内的商品投放和推广活动。通过观察品牌的产品线、设计风格、色彩搭配等方面的变化，可了解品牌的发展方向和设计特点。同时，这样可以关注品牌的宣传推广和市场反馈，了解消费者对品牌的认知和喜好。

4. 设计风格研究

在进行品牌定向研发调研时，还需要进行设计风格研究，具体包括分析品牌设计特点和风格偏好，了解品牌所追求的时尚、经典、运动或者其他风格定位。通过观察品牌的历季设计作品，收集和整理相关资料，掌握品牌的设计语言和风格元素，为后续的模拟设计提供参考和指导。

5. 市场趋势分析

除了研究品牌的特点和风格外，还需要对市场趋势进行分析。通过收集和研究流行趋势、时尚杂志、时装周等相关资料，了解当前的流行元素、色彩趋势、面料材质等，将市场趋势与品牌特点结合在一起，为后续的设计提供流行趋势参考和借鉴。

（三）模拟设计实施

1. 流行资讯收集与分析

为了确保设计的市场趋势适应性，需要广泛收集与所选品牌及市场定位相关的流行资讯，具体包括时尚杂志、时装周报告、社交媒体上的潮流信息等。通过分析这些资讯，可以了解当前的流行趋势、消费者喜好以及竞争对手的设计方向，为设计提供参考和灵感。

2. 灵感收集与提炼

在模拟设计中，原创性是非常重要的。设计师需要通过广泛的灵感收集来激发创造力，并从中提炼出适合品牌定位和市场需求的独特设计元素，具体可以通过参观艺术展览、研究历史文化、观察自然景观等方式进行。

3. 设计图绘制

在模拟设计实施过程中，需要将前期研发调研和灵感收集的结果转化为具体的设计图。设计图应准确地表达品牌固有元素、流行趋势元素和原创性设计，并体现实用性、时代性和艺术性。设计图中应包括服装的剪裁、面料选择、配色方案等细节，以确保设计的完整性和可实施性。

4. 市场趋势适应性考量

在进行模拟设计时，需要对市场趋势的适应性进行考量。设计师应结合前期的流行资讯进行分析和灵感收集，确保设计作品符合当前的市场需求和消费者喜好，具体涉及颜色、图案、面料等方面的选择与搭配，以及对服装款式和细节的调整。

5. 原创性设计

在模拟设计中，设计师应努力进行原创性设计。原创性是设计作品在竞争激烈的市场中脱颖而出的关键。通过创新设计思路、独特元素组合和个性化的表达方式，设计师可以打造与众不同的作品，提升品牌的独特性和竞争力。

（四）面辅料的设计应用

1. 面辅料选择

在设计应用过程中，要根据设计方案和研发思路，选择适合的面辅料。进行面辅料选择时应考虑其质地、颜色、透气性、舒适度等，确保与设计的整体风格和定位相匹配。面辅料的选择要符合市场需求和流行趋势，确保设计作品的时尚性和市场适应性。

2. 实用性和艺术效果表达

选定面辅料后，需要通过合理的设计应用来展现实用性和艺术效果。实用性是指面辅料在作品中的功能性应用，如强调面料的防水性、保暖性、透气性等，以满足消费者的实际需求。艺术效果则是通过面辅料的纹理、颜色、图案等元素来创造视觉效果，使设计作品更具吸引力和艺术性。

3. 排料和剪裁研究

面辅料的排料和剪裁是确保设计作品制作效率和质量的重要环节。排料是指在面辅料上合理安排图案，优化剪裁布局，以最大限度减少浪费并提高利用率。剪裁则是根据设计要求，按照合适的形状和尺寸进行面辅料裁剪。合理的排料和剪裁有助于节约成本、提高生产效率，并确保作品符合设计要求。

（五）作品制作

1.设计方案转化

在设计方案确定后，制作团队需要仔细研究设计图纸和说明，了解设计师的意图以及所需材料和工艺要求，具体包括细节剖析和对技术要求的理解，确保在制作过程中能够准确地还原设计师的创意。

2.材料采购与准备

根据设计所需的面辅料和材料清单，制作团队负责采购所需材料，并进行合理的准备工作，具体可能包括面料的选购、裁剪、熨烫和其他加工，以及配件和装饰品的准备。

3.制作工艺与技术

在制作作品过程中，制作团队需要掌握相应的工艺和技术，确保制作的质量和精度符合设计要求，具体可能涉及裁剪、缝纫、拼接、纽扣固定、装饰处理等一系列工艺步骤。制作团队应熟悉各种制作工艺，并具备相应的技术技能和经验。

4.质量控制与检验

在制作过程中，质量控制是至关重要的。制作团队应对每个制作环节进行严格的质量检验，确保每个步骤的准确性和完整性，具体包括对面料的质量、剪裁的准确度、缝制的牢固度、装饰的精细度等方面进行检查。

5.实物展示

一旦作品制作完成，制作团队需要进行实物展示，具体可以在模特身上展示衣服的效果，也可以将作品以其他适当的方式陈列展示出来。通过实物展示，可以对作品的外观、剪裁、穿着效果等进行评估，并与设计方案进行对比。

6.反馈与改进

作品展示后，制作团队会收到来自教师和评委的反馈和评价。根据反馈意见，制作团队可以评估作品的优点和不足之处，并进行改进和调整，具体可能需要修改设计或改进制作工艺等。

（六）作品展示与评价

1. 样衣展示

在作品展示与评价环节，设计师展示制作完成的样衣。样衣可以由模特穿着，展示其动态和静态效果，以更好地呈现设计的整体效果。

2. 评委评价

在展示过程中，评委扮演着重要的角色。评委可以包括教师和企业技术人员等具有专业经验和知识的人士。他们会对样衣进行评价和打分，评估设计的创意、实用性、时尚性、工艺等。评委的评价和意见对于设计师来说是宝贵的反馈，可以指导设计师在后续的工作中进行改进和提升。

3. 设计效果评估

评委会对样衣的设计效果进行评估，具体包括设计的美感、流行度、与品牌定位的契合度等方面。评委会考虑样衣在市场上的潜在受欢迎程度和商业价值，并基于此给予评价。

4. 制作质量评估

评委也会对样衣的制作质量进行评估。他们会检查剪裁、缝制、面料选用等方面的工艺，以确保样衣的实际制作达到高标准。

5. 反馈和建议

评委会向设计师提供评估结果，并给出反馈和建议，即指出设计上的不足之处、工艺上的改进空间或者市场需求等。这些反馈和建议对于设计师来说非常宝贵，可以帮助他们改进设计、提升技术水平和适应市场需求。

6. 重新制作

如果样衣在评价中被评为不合格或存在明显的问题，设计师可能需要重新制作。这样可以帮助设计师在实际制作中更好地改进和提升，确保作品符合高标准和要求。

（七）品牌商品实际比对

1. 等待下一季到来

在完成样衣制作后，通常需要等到下一个季节到来，因为品牌商品通常会按季节推出和销售。

2. 收集品牌实际热销商品

在下一个季节到来后，研发小组需要收集品牌在市场上实际销售的热门商品。实际可以通过品牌的官方网站、零售店铺、时尚杂志等渠道进行收集。

3. 对比样衣作品

将制作完成的样衣作品与品牌实际商品进行对比，了解样衣的设计元素、风格、色彩、面料选择等与品牌实际商品的差异和相似之处，重点关注样衣作品与品牌商品在时尚趋势、市场需求和消费者喜好方面的契合度。

4. 分析差距和不足

根据对比的结果，分析样衣作品与品牌商品之间的差距和不足。这可能涉及设计细节、面料选择、工艺技术、市场定位等方面的问题。通过深入分析，确定需要改进和提升的方面。

5. 提升训练

基于分析结果，研发小组进行相应的提升训练，具体可能包括改进设计技巧、拓宽创意思路、提升面料选择和应用能力、加强工艺技术等方面的培训和实践。

品牌商品实际比对不仅仅为了发现差距和不足，还在于通过反馈和总结，不断提升研发小组的设计能力和素质。这是一个循环往复的过程，通过不断地实践和改进，模拟人才可逐渐提高专业水平和创作能力。同时，通过与品牌实际商品的比对，也可以让学生设计师更好地了解市场需求和消费者喜好，从而更好地适应和满足市场的需求。

第四节 "学校—基地—企业"产教融通人才培养模式

一、"学校—基地—企业"产教融通概述

"学校—基地—企业"产教融通是一种产学研用一体的人才培养模式，旨在通过学校、产业基地和企业的紧密合作，实现教育、产业和就业的有机结合。它的核心思想是将教育与实践结合在一起，培养适应产业需求的高素质专业人才。"学校—基地—企业"产教融通模式强调学校、产业基地和企业之间的合作与融通，通过共同制订培养方案、进行实践教学、项目合作和就业指导等方式，使学生接触真实的工作环境，增强实践能力和创新能力。"学校—基地—企业"产教融通模式起源于对传统教育模式的反思。传统教育主要以课堂教学为主，缺乏与实际工作的紧密联系。为了更好地培养符合产业需求的人才，学校、产业基地和企业开始积极合作，推动产教融通模式的发展。"学校—基地—企业"产教融通模式的发展得到了政府和社会的广泛支持和重视。许多国家和地区都将其视作教育改革的重要方向，积极推动学校与产业界的紧密合作，以培养创新型和应用型人才。目前，"学校—基地—企业"产教融通模式已经在许多国家和地区得到广泛应用，并取得了一定的成效。各国政府纷纷制定相关政策，支持和鼓励学校与产业基地、企业之间的合作。政府提供资金支持、政策扶持和法规保障，促进产教融通模式的实施和发展。许多学校与产业基地、企业建立了紧密合作机构，如产学研合作联盟、技术创新中心等。这些合作机构为学校与产业界之间的合作提供了良好的平台和机会。学校与产业基地、企业合作设置符合产业需求的课程，强调实践教学。学生通过参与实践活动，获得实际工作经验，提高专业技能和创新能力。在学校与基地、企业的交流活动中，教师可与行

业专家进行深入合作，提高自身教学水平和行业认知，从而使教学内容更贴近实际需求。许多学校与产业基地合作共建实践基地，为学生提供实践和实训场所。这些实践基地配备了现代化的生产设备和工艺，能够模拟真实的工作环境，培养学生的实际工作能力。基地和企业为学生配备导师，提供个性化的指导，帮助学生发展专业技能和职业素养。基地和企业也提供就业指导，帮助学生了解行业就业情况和需求。学校与基地、企业开展实际项目合作，将学生纳入项目团队，可使学生有效锻炼团队合作、解决问题和创新能力。学校与基地、企业的合作可为学生提供更好的就业机会，提高其市场认可度。

二、"学校—基地—企业"产教融通人才培养模式的特点

"学校—基地—企业"产教融通人才培养模式展现出了多方面特点。

第一个特点是产学结合。该模式通过学校、基地和企业的紧密合作，将教育培训与实践结合在了一起。学校提供理论知识和专业技能培养，基地提供实践环境和实践指导，企业提供实际工作机会和行业经验。这种产学结合的特点使得学生能够更好地将所学知识应用到实践，加深对行业的了解，提高实际操作能力和解决问题的能力。

第二个特点是实践导向。通过学校与基地和企业的合作，学生有机会在实践环境中进行实际操作，可参与实际项目，能够通过实践学习如何解决实际问题，提高知识应用能力。这种实践导向的特点使学生能够更好地适应职业发展需求，增强就业竞争力。

第三个特点是职业导向。该模式注重培养学生的职业素养和职业技能。学校通过与基地和企业的合作，能够更准确地了解当前行业的需求和趋势，调整教学内容和方法，使学生逐步具备符合职业要求的知识和技能。这种职业导向的特点，可使学生毕业后更容易与企业对接，顺利就业或进行创业。

第三个特点是教学资源共享。学校、基地和企业之间可以进行资源

互通，共同利用教学资源。学校可以根据基地和企业的实际案例和项目，提供更丰富的教学实例和教学材料；基地和企业可以通过与学校合作，获取教学专业知识和教学方法支持。资源共享的特点使教学更加全面和有效。

第四个特点是可为学生提供更多的就业机会。学生在基地和企业中进行实习和实训，有机会展示自己的能力和潜力。同时，学生在实践中与企业建立联系，可拥有更多就业机会。

三、"学校—基地—企业"产教融通人才培养模式的实施策略

（一）搭建产教融通的协同育人"四融合"平台

搭建产教融通的协同育人"四融合"平台是实施"学校—基地—企业"产教融通人才培养模式的重要策略，该平台的建立旨在促进学校、基地和企业之间的紧密合作与协同育人。学校作为教育机构，应充分认识到与基地和企业合作的重要性，并积极搭建"四融合"平台。学校可以设立产教融通协调机构，负责协调各方资源和合作项目，从而更好地与基地、企业进行信息交流和合作对接。基地和企业作为实际产业的一部分，具有丰富的实践资源，可以提供实习岗位、专业指导和项目合作机会。学校应该积极与基地和企业进行合作，建立长期稳定的合作关系，如可以与知名服装企业合作，开展联合课程、项目实践等活动，使学生接触到真实的行业情况。学校还可以借助现代技术手段搭建线上平台，提供虚拟实践和远程合作的机会。通过在线课程、远程实习等方式，学生可以与基地和企业进行跨地域、跨时区合作，拓宽视野、增加实践经验。为了实现协同育人的目标，平台需要提供交流与互动的机会。学校可以组织学生参观企业、基地，邀请企业代表来校举办讲座或实践指导，促进学生与行业专业人士互动交流。同时，还可以开展学术研讨会、行业论坛等活动，为学生提供展示自己才能的平台。

（二）创建产教融通"学校—基地—企业"渐进式人才培养模式

创建产教融通的"学校—基地—企业"渐进式人才培养模式是一种有序、系统的培养方式，通过学校、基地和企业的渐进合作，逐步提升学生的专业素养和实践能力。学校可以与相关行业的基地合作，提供实践实习机会给学生。这种合作关系可以是短期的实践项目或实习计划，让学生亲身参与基地的工作，了解行业的实际操作和流程，使学生能够将理论知识与实践结合在一起，增强实际操作能力和问题解决能力。学校可以与基地和企业共同开展课程实践、项目研究等活动。在基地和企业深入合作的背景下，学生可以参与更复杂的项目，并接触到更多的实际问题，从而有效锻炼实践能力，增强团队合作精神和沟通协调能力。此外，学校、基地和企业基于渐进式合作模式，可构建互信和合作基础，建立稳定可持续的人才培养机制。学校可以根据行业的需求和发展趋势，调整和优化课程设置，以更好地培养符合行业要求的人才。基地和企业也能够根据学校培养的学生素质和能力，提供更多的实践机会和就业岗位。

（三）构建"四融合、五渐进"标准化、项目化课程体系

构建"四融合、五渐进"标准化、项目化课程体系是实施"学校—基地—企业"产教融通人才培养模式的重要策略。这一课程体系的设计旨在融合不同主体的要求和资源，引导学生参与全面且具有实践导向的学习活动。首先，该课程体系注重"四融合"。在课程设计过程中，学校需要充分了解基地和企业的需求，同时邀请行业专家、企业代表参与课程设计，保证课程与实际需求相匹配，提高学生在就业市场中的竞争力。其次，该课程体系采用"五渐进"的教学方法。这意味着课程需展现从基础到应用、从简单到复杂、从模拟到真实工作场景的渐进式特点。学生在课程学习中逐渐接触和应用更高级的知识和技能，慢慢提高专业素养和实践能力。标准化是该课程体系的重要特点之一。通过制定统一的课程标准和教学指南，可确保不同教师教学质量和内容的一致性。同

时，标准化有助于课程评估和质量监控，进而确保培养出的人才符合行业标准和要求。该课程体系还强调项目化学习。学生将参与各种实际项目，从中学习增强解决问题的能力、团队合作能力和创新思维。

第五章　基于产业学院的服装设计与工艺专业群人才多元能力培养

第一节　基于产业学院的服装设计与工艺专业群人才专业素养培养

一、强化专业基础理论知识

（一）设计全面的课程体系

为了培养学生在服装设计与工艺专业的专业素养，设计全面的课程体系至关重要。

1. 确保课程覆盖范围的广泛性

（1）要确保涵盖服装设计原理。具体课程包括服装结构与剪裁技术、服装线条与比例、服装造型与风格等内容。通过这些课程，学生可以学习服装设计的基本原理和技巧，了解不同类型和风格的服装设计，培养审美眼光和设计能力。

（2）要涵盖纺织材料学。学生需要学习各种纺织材料的特性、性能和应用，了解不同材料对服装设计的影响。这包括纤维的种类、纺织工艺、面料结构与性能等内容。通过学习纺织材料学，学生实际就可以选择合适的面料，确保其与设计需求相匹配。

（3）要涵盖色彩学。色彩在服装设计中起着重要的作用，能够影响服装的整体形象和情感表达。学生需要学习色彩的基本原理、色彩搭配和配色方案等知识。色彩学的学习可以帮助学生了解不同色彩的效果和搭配规律，提升他们的色彩感知和运用能力。

（4）要涵盖纺织工艺。在相关课程中，学生主要学习纺织工艺的基本概念、工艺流程和技术要求，具体包括纺纱、织造、染色、印花等工艺的原理和技术。通过学习纺织工艺，学生可以更好地了解面料的生产过程和工艺要求，为设计时充分考虑工艺因素奠定基础。

2.确保课程设置的层次性和连贯性

在设计课程体系时，应该考虑到课程的层次性和连贯性，以帮助学生逐步夯实专业基础。可以从基础课程开始，引导学生全面了解专业的基本概念和理论框架，包括服装设计原理、纺织材料学、色彩学等。通过学习这些课程，学生可以建立起对服装设计与工艺专业的整体认知，并掌握基本的理论知识。随后，可以逐步引入中级和高级课程，指导学生深入探讨专业各个方向。中级课程可以包括服装结构与剪裁技术、纺织工艺与制作、时尚趋势与市场分析等，在相关学习实践中，学生可以更深入地理解和掌握专业知识，为他们日后的学习和实践打下坚实的基础。另外，可引入专业选修课程，如高级时装设计、创意纺织设计、数字化服装制作等。学生可以根据自己的兴趣和职业规划选择适合自己的选修课程，进一步深化专业知识和技能。除了层次性，课程还要确保连贯性。课程之间应该有良好的衔接和联系，从而形成一个有机的知识体系。这样，学生在学习过程中可以更好地理解知识的关联和应用。为了实现课程的连贯性，可以引入跨学科教学方法，鼓励学生在不同课程中进行知识综合运用和交叉学习。例如，可以在设计课程中融入纺织材料知识，让学生了解不同材料对设计的影响，提高他们的设计能力和实践技能。

3.关注课程内容的更新和创新

随着时代的发展和技术的进步，服装设计与工艺领域也在不断发生变化。因此，为了确保学生具备应对未来挑战的能力，需要不断更新和创新课程内容。首先，可以关注行业动态和趋势，将最新的行业发展和技术应用纳入课程。通过与行业合作、与相关企业保持紧密联系，可使学生了解最新的时尚趋势、材料创新、工艺技术等方面的信息，及时调整课程内容，确保学生接触到最新的知识和技能。例如，随着可持续发展理念得到强化，可以将可持续时尚和环保材料的相关知识纳入课程，引导学生关注可持续性问题。其次，可以鼓励教师进行教学创新和研究，为课程内容更新提供支持。教师可以参与学术研究、行业调研等活动，保持对行业前沿的敏感性和了解，将自己的研究成果、实践经验纳入课堂教学，为学生呈现最新的理论观点和实践案例。同时，学校可以提供相应的支持，鼓励教师进行教学创新和教学资源共享，以促进课程内容不断更新。另外，引入跨学科的内容，为学生提供更全面的学习体验。服装设计与工艺专业涉及多个学科领域，如美学、文化学、商业管理等。因此，可以将跨学科知识和理论纳入课程，帮助学生拓宽视野，培养综合思维和创新能力。例如，可以将艺术史和文化研究内容与服装设计结合在一起，让学生了解不同时代和文化对服装设计的影响。

（二）灵活运用多种教学方法

通过采用多元化的教学方法，如案例分析、项目驱动、小组讨论等，可激发学生的学习兴趣和主动性。

1.案例分析教学法

引入真实的案例，可让学生在学习过程中直接面对实际问题和挑战。案例分析可以帮助学生将理论知识应用于实际情境，培养他们的问题解决能力和批判性思维。同时，可以组织学生进行小组讨论，促进彼此之间的交流和思想碰撞，提高学生的思考和分析能力。

在服装设计与工艺专业教学中可以引入以下案例。

案例名称：创意设计与可持续发展——运用可再生纤维材料的服装设计。

案例描述：随着可持续发展理念的普及，越来越多的服装设计师开始关注环境友好材料和生产方式。在这个案例中，讨论了如何在服装设计中运用可再生纤维材料，以满足市场需求并减少对环境的影响。

背景信息：介绍可再生纤维材料的概念和优势，如有机棉、竹纤维、再生聚酯纤维等，探讨这些材料在环保、可持续性和舒适性方面的特点。

市场需求：分析当前市场对环保、可持续服装的需求趋势和消费者偏好，讨论可再生纤维材料在满足市场需求方面的优势和挑战。

设计创意：提出设计创意的要求和目标，如结合可再生纤维材料的特点创造独特的纹理、色彩和形状，探讨如何运用可再生纤维材料设计出时尚、功能性和舒适的服装。

工艺实施：讨论可再生纤维材料的工艺特点和处理方法，如纺纱、织造、染色和整理，分析如何将这些工艺应用于服装设计，以确保可再生纤维材料的质量和性能。

可持续发展考虑：探讨如何在整个设计过程中考虑可持续发展因素，如降低能源消耗、减少废弃物和化学品使用等，讨论可再生纤维材料的生命周期评估和环境影响分析。

案例讨论和总结：组织学生进行案例讨论，分享他们对于使用可再生纤维材料进行创意设计的想法和观点，总结案例的教训和启示，让学生对可再生纤维材料的应用有更深入的理解，并思考如何将这些知识应用到未来的设计实践中。

通过关于这个案例的分析和讨论，学生将深入了解可再生纤维材料在服装设计中的应用，培养自身创新思维和可持续发展意识，同时提升自身分析问题、解决问题的能力，为未来的职业发展奠定坚实的基础。

2. 项目驱动教学法

组织学生参与实践项目，可使他们在实际操作中学习和应用知识。具体当中，可以将学生分成多个小组，每个小组负责一个实际项目，如设计一套服装、开展一项纺织工艺实验等。项目驱动教学法引导学生不断探索和实践，培养学生团队合作能力、问题解决能力和创新思维。

关于项目驱动教学方法，可以引入一个服装设计与工艺专业教学案例，让学生通过实际项目来学习和应用知识。

案例：设计一套可持续发展的时尚服装系列。

项目描述：学生被要求设计一套可持续发展的时尚服装系列，旨在培养学生对环保和可持续发展概念的认识，并引导他们将相关知识应用于实际设计过程。

项目步骤：

（1）研究和了解可持续发展的概念和原则，包括环保材料选择、循环经济理念、生产过程中的减碳等方面的知识。

（2）分析当前时尚行业的环境问题和可持续发展挑战，如快时尚带来的资源浪费和环境污染等。

（3）设计一个具有可持续特点的时尚服装系列，并充分考虑面料选择、剪裁技术、纺织工艺等。

（4）利用可持续发展评估工具和指标，对设计方案进行评估和改进，确保其在环保和社会责任方面达到预期目标。

（5）制作样品和展示模型，展示设计方案的创新性、可行性和可持续性。

（6）进行展示和评审，让学生向同学和专业导师展示他们的设计理念和成果，并接受专业意见和建议。

项目目标：

（1）培养学生对可持续发展意识，提高他们在设计中融合环保和可持续元素的能力。

（2）提升学生的创新思维能力和解决问题能力，培养他们的实践操作能力。

（3）培养学生的团队合作和沟通能力，使他们能够在团队中合作解决问题，实现共同目标。

通过这个案例，学生将深入了解可持续发展理念，并将其应用于服装设计与工艺领域。他们将学习如何选择环保材料、如何运用创新设计技术，以及如何评估和改进设计方案，以确保其符合可持续发展要求。同时，学生可在实践中培养团队合作和沟通能力，从而更好地适应未来的工作环境。

3. 小组讨论教学法

小组讨论是将学生分成小组，让他们在一起讨论和交流，进行思维互动的教学方法。在服装设计与工艺专业中，小组讨论可以用于多个方面，如案例分析、设计项目评估、行业趋势讨论等。在案例分析中，将学生分成小组，每个小组负责分析一个服装设计或纺织工艺的实际案例。小组成员可以共同探讨案例中的挑战、解决方案和经验教训，并就相关问题展开讨论。这种小组讨论的方式可以促使学生从不同的角度思考问题，提供多样化的解决方案，并培养他们的批判性思维和团队合作能力。在进行设计项目评估时，学生可以在小组中分享和评估彼此的设计作品。通过相互讨论和反馈，学生可以从其他小组成员的视角获得不同的见解和建议，有助于改进和提升自己的设计作品。这样的小组讨论有助于培养学生的设计审美、设计沟通能力和设计批判性思维。

（三）注重个性化辅导

个性化辅导是指针对每位学生的独特需求和特点，提供量身定制的学术指导和支持。教师要与每位学生建立良好的师生关系，了解他们的学术兴趣、职业目标和学习困难。通过一对一的交流和讨论，深入了解学生的学习需求，提供个性化的学术辅导和指导。这种个性化辅导可以帮助学生更好地规划学习路径，解决学习中的问题，并培养他们的学术兴趣和自主学习能力。

在个性化辅导中，要注重学生的学术发展和职业规划。通过与学生的密切互动，帮助他们明确自己的学术目标和职业发展方向，并提供相应的指导和建议。与学生一起制订学术发展计划，帮助他们选择合适的课程和研究方向，推动他们参与学术研究和项目实践。此外，可介绍学生与行业专家和学者联系，为他们提供参与学术交流和合作的机会，拓宽他们的学术视野和职业网络。

二、提升专业技术应用水平

为了提升学生的专业技术应用水平，应指导学生掌握和熟练运用各种专业技术工具和软件，如服装设计软件、CAD绘图工具、3D建模软件等。这些工具和软件在服装设计与工艺领域扮演着重要角色，有助于设计者提高工作效率和设计质量。

为了帮助学生掌握这些专业技术工具和软件，学校可以开设相应的实践课程，如计算机辅助设计和数码纺织设计等。这些课程可让学生学习工具和软件的基本操作和功能，并进行实际案例练习。通过参与实践，学生将有机会逐步熟悉和掌握各种专业技术工具和软件的使用方法，从而提升专业技术应用水平。在计算机辅助设计课程中，学生可以学习使用专业的服装设计软件，如Adobe Illustrator、CorelDRAW等。课程可以涵盖软件界面和工具的介绍，以及基本绘图技巧和设计原理的应用。学生可通过实际操作练习，掌握描绘服装设计图稿、细化设计细节、创建服装构造图等技能。通过逐步深入的课程设计，学生可以应用相关技术工具进行模式绘制、面料图案设计等实际案例练习，提高专业技术应用水平。另外，数码纺织设计课程注重学生在纺织领域的专业技术应用。学生可以学习使用数码纺织设计软件，如TexCAD、Pointcarre等，来进行纺织图案设计、颜色匹配和纹理调整等操作。课程将重点培养学生对纺织品纹理和色彩的敏感性，使他们了解纺织品的结构和特点，并通过实践项目来应用这些知识。学生可以通过模拟实际纺织工艺、进行纺织品纹样设计和纺织品效果模拟等实践活动，提高专业技术应用水平。这些实践课程的设计应当贴近行业需求，结合实际案例和项目，以提供真实的学习环境。学校可以与行业合作，邀请行业专家或企业代表来参加讲座、工作坊或评审活动，以加强学生与实际应用环境的联系。此外，学校还可以组织学生参加专业技能竞赛，提供与行业专业人士交流的机会，激发学生的学习兴趣和竞争意识。

此外，学校还可以组织学生参加专业技能竞赛和实践项目，提供实际操作的机会。参加专业技能竞赛能够激发学生的竞争意识和学习动力。在与其他学生的比拼中，学生势必面临更高的要求和更大的压力，从而不断努力提升自己的技术水平。参赛过程中，学生将面临各种挑战和实际问题，需要灵活运用所学的技术知识和技巧进行解决。与此同时，学生还有机会与其他优秀学生进行交流，借鉴他们的成功经验和创新思路。通过参加专业技能竞赛，学生不仅能够提高自己的专业技术水平，还能够扩展人际关系，拓宽视野。参与实践项目是学生提升专业技术应用水平的重要途径。学校可以与行业企业或基地合作，开展与服装设计与工艺相关的实践项目。学生将有机会在真实的工作场景中应用所学的技术，解决实际问题。他们可以参与从设计到生产的全过程，了解行业的实际运作方式和要求，并与行业专业人士进行交流和合作。在实践项目中，学生将面对各种挑战和复杂情况，需要运用所学技术知识和创新思维进行解决。

三、塑造良好的专业工作态度

实际当中，学校应该着重培养学生的责任感、团队合作意识和创新精神，以改善他们的专业工作态度。

其一，学校可以通过开设相关的课程，如专业伦理与行为规范、职业素养培养等，引导学生树立正确的职业道德，使学生拥有良好的专业工作态度。专业伦理与行为规范课程可以帮助学生了解专业行业的伦理要求，明确在服装设计与工艺领域应遵循的道德准则，引导学生了解职业操守的重要性，让他们意识到自己在专业领域所承担的责任。学生将学习如何跨越职业道德困境，学会权衡利益和道德，增强职业判断和决策能力。职业素养培养课程可以帮助学生掌握在职业环境中所需的技能和素养，培养学生的沟通能力、人际交往能力和问题解决能力，使他们能够有效地与他人合作、解决工作中的问题，并适应不断变化的工作环境。此外，还可以提高学生的时间管理和组织能力，培养他们的自我管理和自我发展能力，使他们能够适应职业发展的要求。

其二，学校可以组织学生参加团队项目和实践活动，以培养学生的团队合作意识。这样的实践活动可以是课程项目、竞赛项目或者行业合作项目。在团队项目中，学生需要与其他成员协作完成任务，共同解决问题，达成既定目标。在这个过程中，学生需要学会倾听和尊重他人的意见，积极参与讨论和决策，并能够灵活适应团队中的不同角色和任务分工。通过与团队成员的互动和协作，学生能够逐渐培养出良好的团队合作精神，建立起相互信任和支持的关系。团队项目也给予了学生展示个人才华和能力的机会，每个团队成员都可以发挥自己的专长和优势，为团队目标实现贡献自己的力量。在团队项目中，学生可以展示自己的创意和创新思维，通过个人的贡献来推动项目的发展。这样的经历可以激发学生的自信心和自我发展动力，使他们积极主动地参与团队合作。

其三，创新是推动行业发展和提升竞争力的关键因素，因此培养学生的创新能力具有重要意义。学校可以建立创新实验室或工作室，为学生提供实践场所。这些实验室可以配备先进的设备和工具，为学生提供创新研究和开发的环境。学生可以利用这些资源，自主探索和实践新的创意和技术，发展创新能力和解决问题的能力。组织创新项目或课程，可让学生在团队中开展创新性实践。这些项目可以涵盖不同领域的创新，如产品设计、工艺改进、材料研发等。在团队合作过程中进行创新思考和解决方案探索，学生即可有效培养自身创新思维、灵活性和团队合作能力。举办创业比赛或创新竞赛，可为学生提供展示和交流的平台，鼓励学生提出创新创意，并提供专业评委的评估和指导。参与比赛的学生将面临实际的市场需求和竞争压力，可通过与其他团队的较量，激发出自身创新潜力和创业精神。

四、强化专业实践与理论结合

要强化专业实践与理论结合，以培养学生实际操作能力和创新能力。

一方面可以与基地和企业合作开展实践项目、实习实训等活动。学校可以与产业界建立紧密的合作关系，为学生提供真实的工作场景和项目机会。学生可以参与实际服装设计与工艺项目，从中学习并应用所学的理论知识和专业技能，解决实际问题。

另一方面，学校还可以鼓励学生进行创新实践。通过设立创新项目、科研课题等，引导学生从理论向实践转化，并激发他们的创新潜力。学生可以运用所学知识和技能，独立或与他人合作进行创新性研究与实践，如探索新的设计理念、开发新材料或工艺技术等。

为了更好地实现专业实践与理论的结合，学校还可以采用跨学科的教学方法，即将不同学科领域的知识和技能整合在一起，培养学生的综合能力。例如，学校可以组织跨学科的项目团队，让不同专业的学生合作完成一个综合性的设计与工艺项目，培养学生的团队协作和沟通能力，同时也能够拓宽学生的视野，让他们能够从不同角度思考和解决问题。

第二节　基于产业学院的服装设计与工艺专业群人才实践能力培养

一、增强服装设计实践操作技能

为了增强学生服装设计实践操作技能，学校可以创建设计工作室、实验室和创客空间等，为学生提供实际创作空间和辅助设施。例如，设计工作室可以提供专业的设计设备和工具，供学生进行平面设计、手绘和数码绘图等操作。实验室则可以配备专业的服装制作设备，供学生进行样衣制作和面料试验。此外，创客空间可以提供创新性的制作设备和材料，激发学生的创造力，提高学生的实践能力。引入先进的设计软件和工具是培养学生操作技能的重要手段。学校可以投入资金和资源，组织 CAD（计算机辅助设计）软件、PS（Photoshop）和 AI（Illustrator）等专业设计软件培训。通过教授学生这些先进工具的使用方法和技巧，可以帮助他们更高效地进行设计创作和操作。学生可以学习使用 CAD 软件进行三维建模和产品设计，使用 PS 和 AI 软件进行平面设计和图形编辑。这样的实践训练可以提升学生的设计操作技能，为学生提供更广阔的创作空间。学校可以组织丰富多样的设计项目，使学生能够在实践中不断提升技能和经验。

在实践能力培养过程中，学校还可以邀请专业人士和行业从业者来进行指导和分享经验。例如，邀请知名设计师、工艺专家、行业顾问等担任客座教师，为学生提供专业的指导。这种专业人士的参与可以帮助学生更好地理解实践操作的要点和技术细节，同时提供行业发展的前沿资讯。

二、提高工艺技术实践应用熟练度

（一）提供实验室设施

提供良好的实验室设施对于提高学生工艺技术应用熟练度至关重要。实验室应该配备各种必要的设备和工具，以支持学生进行工艺技术实践操作。这些设备可以包括面料处理设备（如洗涤机、干燥机）、染色设备（如染缸、色浆）、印花设备（如印花机、热转印机），以及纺织工艺设备（如纺纱机、织机）。同时，应提供各种手工工具（如剪刀、针线、缝纫机等）和测量工具（如卷尺、剖面仪等），以满足学生在实践中的需求。实验室应该储备丰富的材料，包括各种类型和质地的面料、染料、印花材料等。这样可以确保学生在实践中有足够的选择，同时有助于学生锻炼对不同材料的认识和应用能力。实验室应该设置安全措施，确保学生在操作过程中的安全。例如，提供防护设备（如手套、护目镜）、设置急救设备和灭火器，并明确实验室的安全规章制度。此外，还应提供必要的操作指导和安全培训，让学生了解并遵守安全操作要求。需要定期维护和更新实验室设施，确保设备的正常运行和有效使用。为了更好地支持学生的实践活动，实验室应该有合理的开放时间安排，满足学生的实践需求。此外，需要建立实验室管理制度，包括设立实验室管理员、制定实验室规章制度、管理材料库存等，以确保实验室的有序运作和设备的合理使用。

（二）组织工艺技术培训

1. 行业专家培训

邀请行业内具有丰富经验和专业知识的专家进行培训，使学生能够接触到行业最新的工艺技术。这些专家可以是服装设计师、工艺师、生产经理等，他们可以分享自己的实践经验和成功案例。培训内容可以包括不同类型的面料处理技术、染色和印花工艺、纺织工艺等，以及相关的工艺设备操作和维护。

2. 实践操作指导

培训不仅应该注重理论知识传授，还应强调实践操作指导。通过实际操作，学生可以更好地了解和掌握工艺技术的应用方法。培训可以包括示范操作和学生参与的实践环节，如教师演示染色或缝纫过程，然后让学生参与实践。

3. 实践项目指导

培训过程中，可以结合实践项目进行指导。这些实践项目可以是模拟工艺操作，也可以是真实的工艺生产项目。指导教师可以通过项目指导，引导学生运用所学的工艺技术解决实际问题。他们可以提供项目的详细要求和目标，并指导学生进行项目计划、资源调配、工艺操作和质量控制等方面的实践。

（三）开展工艺实践项目

1. 项目选题与规划

选择符合学生水平和课程要求的工艺实践项目，而具体项目可以包括面料处理、染色、印花、纺织工艺等。要根据项目的复杂程度和时间要求，制定项目计划和时间表，确保项目能够在规定时间内完成。项目规划应包括项目目标、任务分配、资源需求等。

2. 团队组建与协作

根据项目的要求，组建合适的团队。团队成员应具备不同的技能和专长，以便协作完成项目。团队成员需要具备良好的沟通和协作能力，能够有效分工合作，确保项目的顺利进行。

3. 实践操作与应用

在实施工艺实践项目时，学生需要进行实践操作并应用工艺技术。例如，如果项目涉及面料处理，学生需要学习应用面料洗涤、漂白、染色等工艺技术；如果项目涉及纺织工艺，学生需要学习应用纺织工艺织造、编织、针织等技术。学生可以利用实验室设施和工具进行实践操作，通过实际操作来熟悉和掌握各项工艺技术的应用要点。

三、提高实践项目协调与管理能力

（一）团队项目和实训

团队项目通常要求学生组成团队，共同完成一个实际项目，具体包括设计一款新的服装，或者改进现有的制造流程等。在这个过程中，学生需要学习如何有效地协调团队成员，进行合理的资源分配，制订项目计划，以及管理项目进度。实训则是指让学生在真实的工作环境中进行学习。例如，学校可以与当地的服装设计公司或制造商进行合作，让学生在实际的工作环境中进行实践。这样可以帮助学生更好地了解项目管理的实际过程，从而提高他们的项目协调与管理能力。团队项目和实训提供了宝贵的实践机会，让学生在真实的环境中学习锻炼项目管理技能。在团队项目和实训中，学生需要学习如何有效地与团队成员合作，从而提高他们的团队协作能力，这也是项目管理中不可或缺的一个重要技能。团队项目和实训让学生有机会学习如何将理论知识应用到实践中，提高自身项目管理能力。

（二）设立项目管理课程

设立项目管理课程是提高学生项目协调与管理能力的重要手段，特别是可以帮助产业学院服装设计与工艺专业群的学生更好地理解、掌握高效管理和协调项目的关键知识和技能。

项目管理课程应该包括各种关键的主题，如项目计划、风险评估、时间管理、成本控制、质量管理、团队协调、沟通技巧等。这些主题的覆盖范围要全面，同时也要适应服装设计与工艺专业的特点和需求。课程应该强调理论知识和实际操作的结合。除了教授理论知识，教师还应该组织各种案例学习、模拟项目等活动，让学生在实践中学习和应用项目管理知识和技能。邀请具有丰富项目管理经验的客座讲师或者行业专家进行分享，可以让学生了解如何进行项目管理，以及在面对实际问题时如何有效地应用项目管理知识和技能。

（三）项目导师制

项目导师制是一种很有效的提升学生项目协调与管理能力的方法。它是指为每个团队或项目分配一位经验丰富的导师，导师为学生提供实时的指导和反馈，分享经验，帮助他们解决在实践中遇到的问题。实际当中，学校需要从教师或者外部专家中选择适合的导师。一个好的导师应该有丰富的项目管理经验，熟悉服装设计与工艺领域，有良好的沟通技巧，愿意分享自己的知识和经验。学校可以通过面试或者其他方式来选择导师。导师的主要职责是指导学生进行项目管理，并监督学生的项目进度，解答学生的问题，分享相关经验，帮助学生避免常见的错误。导师还需要定期与学生进行沟通，了解学生的需求和困难，提供必要的支持。学校需要根据学生需求，将他们和适合的导师配对，并在此过程中充分考虑导师的专业背景、经验、风格，以及学生的需求和性格等因素。即使导师有丰富的经验，他们也需要接受一些相关培训，从而更好地指导学生。

（四）培训工作坊

利用培训工作坊，可让学生更深入地了解和掌握项目协调与管理相关知识和技能。开始，需要确定工作坊的主题。这个主题应当与项目管理相关，如"时间管理""团队协作""风险评估"等，而且应当与学生正在进行或即将进行的项目相关。应邀请有经验的项目管理专家或者行业内的成功人士来主持工作坊。他们可以分享自己的经验，提供有价值的建议，给学生带来新的视角和思考。学生可以从他们的故事中获得灵感，更好地理解项目管理的实际运作。为了让学生更好地参与工作坊培训，可组织一些互动活动。例如，可以通过小组讨论、案例分析、角色扮演、模拟项目等方法，让学生更深入地理解项目管理的内容。通过这些活动，学生可以将理论知识转化为实践技能。在工作坊培训结束后，需要了解学生反馈，具体可以要求学生分享他们从工作坊中学到的知识，如何在项目中应用这些知识，他们对工作坊有什么建议，等等。通过这种方式，可以了解工作坊培训效果，以对未来的工作坊做出改进。在工作坊培训结束后，应该进行一些跟进工作。例如，可以在一段时间后组织一次小型的讨论会，让学生分享他们如何在实践项目中应用工作坊中学到的知识，他们遇到了哪些问题，他们有哪些新的想法，等等。

四、实践情境中提升问题解决能力

（一）案例教学

案例教学旨在通过组织研究真实或模拟业务，让学生对服装设计与工艺领域的具体问题有深入的了解和体验。通过分析行业内的真实案例，学生可以看到理论知识是如何在实际情况中应用的，也能了解在实践中可能会遇到的挑战。这种理论和实践相结合的学习方法能够使学生对学到的知识有更深入的理解。学生在研究案例、讨论解决方案时必须积极思考、提出观点、与同学交流。每个案例都是一个具体的问题，学生需要分析问题、提出解决方案，并决定如何实施解决方案。这种分析和决策的过程，有助于学生提高问题解决能力。通过研究行业内的案例，学生可以为将来工作做好准备。在学生解决案例中的问题后，教师可以给出反馈和评价，让学生了解他们的解决方案的优点和不足，帮助学生增强问题解决能力。

（二）模拟实践

教学的目标并不仅仅是传授理论知识，还包括培养学生知识应用能力。但是，在真实工作环境中往往会面临种种挑战和压力，因此需要一个既能让学生接触实际问题，又容许出现错误的环境，模拟实践正好满足了这样的需求。

实际当中，可以为学生设计各种不同的模拟项目，如设计一个新的服装系列，或者解决一个生产流程中的问题。在这些项目中，学生需要运用他们所学的知识和技能去寻找解决方案，而在此过程中可能会遇到各种挑战，如时间和资源限制，或者团队合作问题，这些都是他们在真实工作环境中可能会遇到的问题。通过参与模拟实践，学生可以提前学习如何面对和解决这些问题。

（三）行业实践

在学校环境中，学生接触到的大多是理论知识和模拟情境。然而，实际工作环境中的问题往往更复杂，需要更丰富的经验和更高的技巧去处理。在行业实践中，学生需要应用理论知识解决实际问题，锻炼提升问题解决能力。在实践过程中，学生会遇到各种问题，如设计问题、制作问题、供应链问题、客户服务问题等，他们需要运用所学知识，结合实际情况，找出问题的根源，提出解决方案。在此过程中，他们可以大幅提升问题解决能力。实际当中，学校可与服装设计和制造相关的公司、机构建立长期的合作关系，为学生提供实践平台，设定具体的实践项目。这些项目应涵盖服装设计与制造的各个阶段，让学生有机会接触和处理各种实际问题，同时可以让有经验的导师陪同学生进行实践活动。导师可以在学生遇到问题时提供指导，帮助他们解决问题，并在实践结束后对学生进行评价。另外，学校可以利用校友资源为学生提供行业实践机会，给予学生实质性帮助；学校可以定期举行行业研讨会，邀请行业内的专家、学者讨论当前行业最新发展和存在的问题，以帮助学生了解行业动态，提升其问题解决能力。

第三节　基于产业学院的服装设计与工艺专业群人才创新能力培养

一、激发创新思维与设计灵感

服装设计与工艺不仅是一门艺术，还是一门需要不断创新的科学。在相关实践中，首要激发学生的创新思维和设计灵感。在产业学院教育环境中，许多科学方式有助于实现上述目标。

（一）开展研讨会和研究项目提供交流和学习平台

研讨会和研究项目的实施是激发学生创新思维与设计灵感的重要方向。一方面，尽可能地开展各类设计研讨会。通过参与这些研讨会，学生可以了解到其他同学或专家的设计理念和方法，接触到不同的设计思路和技术，形成创新思维和设计灵感。另一方面，应该鼓励学生参与到各种研究项目中。这些研究项目可以是学校内部的，也可以是和企业或其他机构合作的。在研究项目中，学生需要将所学理论知识和技术应用到实际，面对真实的设计问题和挑战。这样的实践经历可以让学生更深入地了解设计的全过程，更好地掌握各种设计工具和技术。同时，实际问题和挑战也能激发他们的创新思维，为他们提供更多的设计灵感。此外，还可以通过定期的设计项目评审，提供反馈和建议，帮助学生改进他们的设计方案。

（二）鼓励了解历史上和现代的服装设计趋势

了解和掌握历史上与现代的服装设计趋势很重要，因为这样可激发学生的设计灵感以及创新思维。服装设计并非独立于历史和文化背景之外，反而与之紧密相连。

为了让学生更好地了解设计趋势，需要将相关的历史和文化教育融入课程，即设计历史课程，这种课程能使学生对设计的起源、演变以及对社会和文化的影响有深入的了解。通过对设计历史和文化背景的学习，学生能更好地了解设计的根源，从而产生创新灵感。与此同时，还需要引导学生关注当今的设计趋势，具体可以通过引导学生阅读设计新闻和期刊、参观设计展览，以及研究当代知名设计师作品等方式来实现。在了解了现代设计趋势之后，学生可以将相关概念和方法应用到自己的设计中，创新设计思路。

（三）组织实地参观服装展览和设计工作室

若要通过组织实地参观服装展览和设计工作室来激发学生的创新思

维和设计灵感，需要借助一套详细的策略。首先，策划定期的行业实地
考察活动是关键。学校应当与各类设计工作室、设计公司、服装品牌、
制造商等建立合作关系，为学生提供定期实地参观的机会。此外，还可
以安排参观国内外的大型服装展览和时装周，使学生直接了解最新的设
计趋势和技术。其次，应使实地参观活动与课程学习紧密结合，有助于
学生深入了解设计理论和技术。例如，教师可以在参观前为学生布置课
题，让他们在参观过程中通过观察和思考来寻找答案，或者在参观后进
行讨论，相互分享观察所得和感悟。最后，学校还可以鼓励和支持学生
自发组织参观活动，如创建服装设计社团，自主组织参观和学习活动；
这样不仅可以增强学生的自主学习能力，还可以培养他们的团队协作
能力。

二、培养创新解决问题的能力

（一）开展综合性实践项目

为了培养学生解决实际问题的能力，学院可以开展综合性的实践项
目。这些项目可以是与行业合作的真实项目，也可以是学院内部设定的
模拟项目。通过实践项目，学生能够面临真实的挑战，学习如何应对问
题并找到创新解决方案。

（二）强调跨学科合作

在服装设计与工艺领域，跨学科合作是非常重要的。学院可以与其
他专业学院建立合作关系，如工程学院、材料学院、市场营销学院等，
这样可使学生接触到不同领域的知识和资源，拓宽思维与视野，培养创
新解决问题能力。例如，与工程学院的学生合作开发新型纤维材料，与
市场营销学院的学生合作进行市场调研和品牌推广等。

三、提升创新产品与解决方案推广能力

在产业学院的服装设计与工艺专业群人才创新能力培养背景下，产

品创新主要指在服装设计与工艺领域内，通过研发、设计、工艺改进等方式，创造出新的或改进的产品。这不仅包括物理产品，如服装、配饰等，还可能包括与这些物理产品相关的服务或解决方案，如使用可持续材料的新设计概念、尺寸定制服务、虚拟试衣等。而"解决方案"可能指的是针对服装设计与工艺领域中存在的特定问题或挑战，产业学院培养的人才所提出的一系列策略、方法或技术。例如，当前服装行业可能面临着如何提高生产效率、减少环境影响、提升设计创新性、提高服装舒适性、采用智能技术等一系列的挑战。对于这些问题，产业学院的服装设计与工艺专业群的学生或研究人员可能会提出一些新的设计方法、材料、技术或工艺，这些就是"解决方案"。举例来说，一个"解决方案"可能是一个新的服装设计软件，能够帮助设计师更高效地完成设计工作；或者是一种新的环保材料，能够替代传统的有害于环境的材料；或者是一种新的制造工艺，能够提高生产效率、减少浪费。为了能够提升学生上述两种能力，可采取以下措施。

（一）市场调研与消费者洞察

在进行创新产品和解决方案推广之前，进行充分的市场调研是至关重要的。通过市场调研，可了解目标受众的需求、喜好、购买习惯和行为模式等，从而有助于确定创新产品和解决方案的定位和特点。

（二）建立品牌形象

创新产品和解决方案推广中需要建立一个有吸引力和独特性的品牌形象，具体包括设计一个具有辨识度的品牌标识等。

（三）多渠道推广策略

选择适合目标受众的多种推广渠道，可以确保广泛的曝光和传播。这可以包括线上渠道，如社交媒体平台、电子商务网站和品牌官方网站；也可以包括线下渠道，如实体店面、展览会和合作伙伴的推广渠道。综合运用多个渠道，可提高创新产品和解决方案的知名度和可见度。

（四）利用数字营销工具

数字营销工具能够提供更精准的定位，可呈现更好的推广效果。通过搜索引擎优化（SEO）、搜索引擎营销（SEM）、社交媒体广告、内容营销和电子邮件营销等手段，可将创新产品和解决方案呈现给潜在客户。此外，数据分析和追踪工具也能提供宝贵的市场反馈，有助于进行效果评估。

（五）建立合作伙伴关系

与相关行业的合作伙伴建立合作关系，可以扩大创新产品和解决方案的推广范围和影响力。例如，与时尚杂志、时尚博主、知名设计师或品牌合作，通过他们的渠道和影响力来推广产品。此外，与零售商、分销商和线下门店等建立合作伙伴关系，也能够将产品更好地推向市场。

（六）提供优质的售后服务与用户体验

创新产品和解决方案的推广不仅仅停留在产品的展示和宣传方面，还包括提供优质的售后服务和用户体验。及时回应用户的问题和反馈，提供满足用户需求的解决方案，能够建立良好的口碑，提升用户忠诚度，进一步推广产品。

通过上述策略的综合运用，产业学院可以着重开展创新产品与解决方案推广工作，增加知名度和市场份额，培养学生的创新能力，并为他们未来的职业发展提供更多机会。

四、培育跨专业合作创新素质

（一）构建跨专业合作平台

建立一个跨专业合作平台，可让不同专业的学生互相交流和合作。

1. 设立跨专业交流论坛

设立一系列的跨专业交流论坛，邀请不同专业的学生和老师分享他们的研究成果和经验，可激发学生对其他专业的兴趣。可定期组织论坛交流，并围绕特定的主题或问题进行。

2. 组织跨专业的项目实践

在教学过程中，可以设计一些需要多个专业学生合作的项目，具体可以是解决实际问题的项目，也可以是进行创新设计的项目。通过项目实践，学生可以学习到其他专业的知识，也可以提高自己的团队合作和项目管理能力。

3. 设计跨专业的竞赛活动

可举办一些跨专业的竞赛活动，如创新设计大赛、业务模拟大赛等，让来自不同专业的学生在同一个平台上展示自己的能力，相互竞争和学习。

4. 建立跨专业学习社群

要建立跨专业的学习社群，鼓励学生自发地组织学习小组，进行跨专业学习和讨论。学习社群可以是在线的，也可以是线下的，可为学生提供一个互相学习和交流的平台。

（二）设计跨专业合作课程

实际可开设一些专门的课程，旨在培养学生的跨专业合作能力，而这些课程可以是跨学科的，涵盖服装设计、工艺、市场营销等方面的知识，以鼓励学生从不同的角度思考和解决问题。

1. 课程设计

课程设计应涉及多个学科，允许学生从多角度掌握知识。例如，一门包含艺术、设计、科学和商业元素的课程，可以帮助学生开阔视野，了解不同领域的知识如何相互连接和影响。课程设计应强调实践性和探索性，鼓励学生在解决问题的过程中融入自己的专业知识。

2. 团队项目

课程中应包含一些团队项目，鼓励来自不同专业的学生共同完成。通过这些项目，学生可以锻炼跨专业合作技能，也可以学习如何在团队中沟通和解决冲突。团队项目可以是基于真实场景的模拟，使学生在虚拟环境中体验实际工作情况。

3. 教师角色

教师在此过程中应扮演引导者和协调者的角色，而不只是信息的提供者。他们应鼓励学生自主学习和探索，同时为学生提供必要的指导和反馈。教师也应具备跨专业知识，以便引导不同背景的学生。

（三）提供跨专业实习机会

要与相关行业和企业建立紧密的合作关系，为学生提供跨专业实习机会。通过实习，学生可以亲身体验不同专业的工作环境和工作方式，加深对跨专业合作的理解和认识。学校应积极寻求与不同行业和企业的合作，为学生提供更广泛的实习机会。这需要学校有一个专门的团队，来处理与企业的关系，寻找并开发实习机会。每个企业的需求和特点都不同，因此实习计划应根据企业的具体需求进行定制。学校应与企业共同开发实习项目，确保这些项目既符合企业的需求，又能培养学生的跨专业合作能力。在实习期间，学校应提供相关的培训，帮助学生更好地完成实习任务。此外，学校应定期收集学生和企业的反馈，了解实习的效果，以便进行必要的调整。

（四）设立创新实验室

实际需建立一个跨专业的创新实验室，提供一个创造性的空间，让学生可以自由地探索和尝试新的设计理念和工艺技术。实验室要有足够的空间和必要的设施，如专门的设计软件、工艺设备、物料等。同时，为了鼓励跨专业合作，实验室的空间设计也需要考虑到开放性和合作性，如开放式的工作区、多功能的讨论区等。在实验室，应该鼓励来自不同专业的学生共同参与项目。在选择项目时，可以优先考虑那些需要多学科知识的项目，以更好地进行跨专业合作。另外，为了激发学生的积极性，实验室运营也需要一些竞赛元素，如定期举办创新竞赛、优秀项目展示等。实验室也可以与企业合作，以便获取更多的资源和支持。企业可以提供实战项目、赞助设备等，而实验室可以为企业提供解决方案，为社会带来价值。

第六章　基于产业学院的服装设计与工艺专业群人才培养实践教学

第一节　产业学院背景下服装设计与工艺专业群人才培养的实践教学原则

一、针对性原则

针对性原则,对于产业学院背景下的服装设计与工艺专业群人才培养实践教学来说至关重要。它促使教育者将教学重点和方向对准行业特性,直接回应市场需求,尤其是服装设计与工艺这种具有强烈实用性和创新性的专业,更需要进行针对性的实践教学。学生作为未来行业的一员,需要了解行业的现状和未来趋势。教师应带领学生实地考察服装设计与工艺的各类企业,了解产品的设计、生产、销售等全流程,使他们对行业有一个清晰、真实的认知。透过现场实践,学生可接触到最新的设计理念和生产工艺,对产业内的实际操作有更直观的了解。应根据学生的学习水平和特点进行定制化教学,以保证学生从实践中获得最大的收益。例如,对于初学者,可以通过简单的实践项目让他们了解基本的设计和制作过程，而对于能力较高的学生，可以提供更具挑战性的项目，如设计竞赛，使他们在实际操作中锻炼并提升技能。教师应结合产业发展和学生需求，有针对性地引入新的教学内容和方法。例如，随着数字化和个性化趋势的发展，教师可以结合数字化设计软件进行教学，让学生在实践中掌握最新的设计工具和技术，满足市场对于高技能人才的需求。需要注意的是，遵循针对性原则并不意味着忽视基础知识教学，因为只有具备扎实的基础知识，学生才能在实践中更好地理解和应用专业知识，进行有深度和创新性的设计。

二、实效性原则

实效性原则是实践教学中的核心原则，它强调教学活动必须以实际效果为导向，注重培养学生的实际操作能力和解决问题能力。对于产业学院的服装设计与工艺专业群来说，更是如此。实践教学的实效性体现在"以实际应用为目标"的指导思想上。在这个框架下，教师需要构建一种让学生能够将理论知识应用于实际的教学环境。例如，学生可以在模拟的或真实的服装设计和制造环境中，将所学的设计理念、材料学、裁剪技术等知识结合起来，设计并制作出自己的作品。这样的教学活动不仅可让学生理解并掌握知识，还能够让他们见识到知识在实际操作中的应用。实效性原则也体现在强调学生能力的实际提升上。在教学过程中，教师需要通过一系列的评估方法，如实际操作考核、项目成果评价等，来了解和评估学生的技能是否得到了提高，而学生也可以通过这些评估反馈，了解自己的学习进展和存在的问题，进一步调整自己的学习方法和策略。另外，实效性原则的实现还依赖于教师和学生的主动性。教师需要积极引导学生参与到实践活动中，鼓励他们积极面对问题，独立思考，寻找解决方案。同时，学生也需要主动地参与实践活动，不怕失败，敢于尝试，这样才能在实践中真正学到东西。实效性原则强调的是知识与技能的长期积累和应用，这就要求教育者在设计教学活动时，充分考虑学生的长期发展，关注他们的持续学习和自我提升。

三、计划性原则

在针对服装设计与工艺专业群人才进行实践教学时，计划性原则扮演着关键的角色。这个原则的基本思想在于，在教学过程中的各个阶段，都必须有明确的目标、计划和步骤。无论是宏观的课程设计，还是微观的教学活动，都需要以严谨的计划确保教学效果的实现。要明确在实践教学中追求什么目标，而且这些目标应该是明确的、可度量的，与学生的职业发展和行业需求相符的。例如，可以设定目标，即使学生熟练掌握服装设计的基本技术，了解工艺流程，了解市场趋势等。这些目标会直接影响接下来的教学计划和策略。紧随其后，需要制订一份详尽的教学计划，并将目标分解为一系列的教学活动。这个计划不仅需要包括每个活动的具体内容和流程，还要对时间、资源、责任人等因素进行详细的规划。在这个过程中，需要考虑到实践教学的特性，强调学生的主动参与和实际操作。例如，可以计划让学生通过小组项目来进行服装设计和制作，或者安排他们进行实地考察和实习。然而，制订了计划并不意味着工作就完成了。在教学过程中，需要不断地监控和调整计划，以应对可能出现的问题和变化。这需要建立一个有效的反馈机制，及时获取和分析学生的学习情况和反馈意见。例如，可以通过定期的考核和评价，了解学生的学习进度和问题，也可以通过开放的讨论和沟通，听取学生的意见和建议。另外，还要鼓励学生参与到教学计划的制订和执行中来。可以引导他们设定个人学习目标，制订学习计划，这样不仅可以增强他们的自主学习能力，还可以提高他们对学习的主动性和投入度。同时，也需要教会他们如何进行有效的反思和自我评价，以促进他们的持续改进和发展。

四、激励性原则

在服装设计与工艺专业群人才培养实践中，激励性原则不仅是提升学生积极性的有效策略，还是培养他们专业热忱的重要手段。了解激励性原则的重要性是至关必要的。对人的激励通常分为内在和外在两方面。内在激励源自个体内心的需求和愿望，如求知欲、成就感、自我实现等，而外在激励则来自环境给予的奖赏或惩罚。在教学中，教师需要通过设计具有挑战性和吸引力的实践项目，提供明确的反馈和认可，满足学生的内在和外在激励需求。以"竞赛机制"为例，这是一种有效的激励手段。在实践教学中，通过组织形式多样的设计竞赛，可以提供一个实际的场景让学生展示自己的技术和创新能力。竞赛的竞争性和挑战性可以激发学生的积极性和进取心，同时竞赛结果反馈可以满足学生的成就需求，进一步给予他们内在激励。另外，"奖励机制"也是一个不可忽视的激励工具。学生的优秀表现、出色设计，或者杰出贡献，都应该得到相应的奖励。奖励可以是学分、证书，或者是实习机会、研究资金等。这些奖励不仅可提供具体的利益，还是一种公开的认可和肯定，可以极大地激发学生的学习热情和工作动力。当然，除了外部奖励，也不能忽视内在激励的重要性。内在激励更依赖于教师的鼓励和引导。教师需要建立积极的师生关系，及时提供反馈，认可学生的努力和进步。教师的鼓励和支持可以提升学生的自信心和自尊心，激发他们的内在动力，使他们更愿意投入实践学习中去。最后，需要强调的是，激励性原则要求教师全面考虑学生的需求，并加以满足。教师需要不断地了解学生的需求，及时调整和优化激励策略，确保真正激发学生的学习积极性和创新精神。

第二节 产业学院背景下服装设计与工艺专业群人才 培养的实践教学环节设计

一、前期准备阶段

（一）确定实践教学目标

确定实践教学目标是实践教学设计的第一步，这个目标将指导整个实践教学活动的设计和实施。以下是确定实践教学目标的主要考虑因素和方法：

（1）明确学生需求和能力。在确定教学目标时，首要明确学生是什么样的，因为他们的背景、兴趣、能力水平等都将影响到教学目标的设定。例如，如果学生大部分都是刚接触服装设计的新手，那么目标可能就是让他们掌握基本的设计技能和理论知识。

（2）了解产业需求。教学目标应该尽可能地与产业需求相符合。需要研究市场和行业趋势，找出产业所需要的技能和知识，然后将这些需求纳入教学目标。例如，如果产业正在追求可持续和环保，那么就应该设置相应教学目标，让学生能够学习并掌握实践方法。

（3）制定明确的目标。实践教学目标应该具有可测性，即能够通过某种方式来评估学生是否达到了目标。例如，可以设定的目标为"学生应能够设计出符合环保原则的服装"，然后通过评估学生的设计作品来判断他们是否达到了这个目标。

（4）设定适当的期望。在设定目标时，需要确保这些目标是实际可达的。过高的期望可能会令学生感到压力过大，而过低的期望则可能不会激发出学生的潜力。因此，需要根据学生的能力和教学资源等因素来合理设定目标。

（二）教学资源准备

1. 实验室和设备

为了进行服装设计与工艺实践操作，需要确保有足够的实验室空间和所需的设备。实验室应该具备足够的工作台、缝纫机、绘图工具等，以支持学生进行服装设计和制作实践操作。同时，要确保这些设备的数量足够，并保障其正常运行，以满足学生的学习需求。

2. 材料和工具

为了让学生进行实践操作，需要提供面料、纽扣、拉链、线等服装制作所需的材料，以及相应的工具和辅助用品，并确保这些材料和工具的供应充足。此外，还应确保这些材料和工具的质量和安全性，以保障学生学习实践顺利进行。

3. 软件和技术支持

在现代服装设计与工艺教学中，计算机软件和技术已经成为重要的工具和资源。为了支持学生数字化设计、图案制作、模拟演示等方面的实践，需要提供相应的计算机软件和技术设备。要确保学生可以获得必要的软件许可和培训，以便他们熟练运用这些工具进行实践操作。

4. 合作伙伴关系

与相关的企业、工作室和行业组织建立合作伙伴关系是非常重要的。这样可以为学生提供更多的实践机会，让他们了解并接触到真实的产业环境。通过与企业合作，学生可以参与实际的项目和活动，获得实践经验，并与业界专业人士进行交流和互动。

5. 资源管理和维护

确保对教学资源的管理和维护是保障教学质量的关键。要建立健全的资源管理系统，确保教学资源的存储、借用和维护得以有效进行。要定期检查设备和工具的工作状态，进行必要的维修和更换，以保证其正常运行。同时，也要对学生的使用行为进行监督和指导，培养他们爱护和合理使用教学资源的意识。

（三）教师团队培训

教师团队培训对于实践教学成功至关重要，需要引起关注。

1. 实践教学方法和技巧

教师需要了解实践教学的基本原理、方法和技巧。他们应该知道如何组织和指导实践活动，如何让学生积极参与，以及如何提供有效的反馈和指导。培训可以促使教师转变理念，让教师从传统的知识传授者转变为学生引导者。

2. 实践教学活动设计

教师团队需要学习如何设计切实可行的实践教学活动。通过参与培训，教师可了解如何根据学习目标和学生需求设计具有挑战性和实践性的任务，如何选择适当的实践活动和项目，以及如何将理论知识与实践操作结合在一起。

3. 实践教学评价

教师需要了解如何评价学生的实践成果和实践过程。培训可以帮助教师了解如何设计评价标准和评价工具，如何进行评价观察和记录，以及如何提供有针对性的反馈和建议。

4. 跨学科合作与合作关系建立

实践教学常常需要跨学科的合作，教师团队需要学习如何与其他学科的教师合作，共同设计和实施实践教学活动。培训旨在帮助教师了解如何建立跨学科合作关系，如何协调各方的工作，以及如何实现知识的融合和综合应用。

5. 运用教育技术工具

在实践教学中，教育技术工具可以起到辅助和支持的作用。教师团队需要学习如何有效地运用教育技术工具，如虚拟实验室、在线资源和学习管理系统，来增强实践教学的效果和互动性。

6. 实践教学案例分享与反思

培训可以包括实践教学案例的分享和讨论，所以教师团队可以互相交流经验和心得，分享成功的实践教学案例，并进行反思和改进。

培训形式可以多样化，包括研讨会、研修班、工作坊、教学观摩等。同时，培训过程中应注重理论与实践相结合，让教师能够亲身体验实践教学过程，从中获得深刻的认识和理解。通过参与培训，教师团队将更好地掌握实践教学方法和技巧，提高指导学生的能力和水平。他们能够更好地组织和设计实践教学活动，提供有效的指导和反馈。同时，教师团队之间的合作和沟通也将得到增强，更具创造力。

二、实践教学设计阶段

（一）项目选题和组织

在服装设计与工艺专业群的实践教学设计中，项目选题和组织是一个关键的阶段。这一阶段的目标是选择适合学生能力和专业要求的实践项目，并组织学生进行合作与分工。首先，选择符合学生能力和专业要求的实践项目至关重要。项目选题应该与服装设计与工艺专业相关，并具有一定的实践性和挑战性，能够激发学生的创造力和解决问题的能力。可以考虑以下几个方面来选择项目。一是了解当前服装设计与工艺行业的需求和趋势，选择与之相关的项目。实际可以通过与行业专业人士的交流、市场调研和行业报告等方式获取信息。二是尊重学生的兴趣和个人特长，选择他们感兴趣的项目。这样可以提高学生的主动性和积极性，使他们更加积极地投入实践项目。三是鼓励多学科的融合与合作，选择能够激发学生综合能力的项目。例如，与艺术学院、工程学院或市场营销学院等合作，开展跨学科的服装设计与工艺项目。其次，一旦选择了合适的实践项目，就需要进行组织和分工。这涉及将学生分组，并根据项目需求和学生的个人特长分配任务。根据项目的规模和复杂性，将学生分成适当的小组。小组成员可以来自不同的年级或专业，这样可以促进不同学生之间的交流和合作。要确保每个小组都有一个负责人或组长，负责协调和管理小组工作。根据项目的不同阶段和任务，将具体的任务分配给每个小组或个人。根据学生的专业能力和个人特长，合理安排任务，让每个学生都能有所贡献。而且，要确保小组成员之间分工合作明确，相互配合。

（二）实践教学计划

1. 任务分解

实际可将整个实践项目分解为具体的任务和阶段，确保每个任务具有明确的要求。

（1）市场调研和需求分析。学生需要调查市场趋势、消费者需求和竞争情况，了解当前服装设计与工艺的热点和发展方向。

（2）设计创意和概念开发。学生根据市场调研结果，进行设计创意的探索和概念开发，提出独特的服装设计理念。

（3）材料选择和工艺应用。学生需要根据设计需求选择适合的材料，并掌握相关的工艺技术，包括剪裁、缝制、装饰等。

（4）样品制作和调整。学生将设计图纸转化为实际的服装样品，并进行调整和改进，确保符合设计要求。

（5）展示与评估。学生要将完成的服装样品展示出来，并接受评估和反馈，评估标准包括设计创意、工艺质量、市场适应性等。

2. 时间安排

针对每个任务和阶段，要进行详细的时间安排。要根据实践项目的复杂程度和任务的紧凑程度，合理安排每个阶段的时间长度，确保学生有足够的时间进行市场调研、设计创意、样品制作等，并留出时间进行调整和改进。同时，要考虑到教学周期和其他课程的安排，避免时间冲突。

3. 评估方法

应用评估方法时需综合考虑学生在设计创意、工艺技术应用、团队合作等方面的表现。

（1）作品展示和口头报告。学生展示自己的设计作品，并进行口头解说，阐述设计理念和工艺选择的原因。

（2）实践成果展示。学生展示完成的服装样品，并详细说明材料选择、工艺应用等方面的考虑。

（3）评委评估和同行评议。邀请专业教师、行业专家或其他学生进行评估，提供专业意见和建议。

（三）实践环节指导

1. 技术支持和指导

教师在实践环节应提供必要的技术支持和指导，包括向学生介绍相关的设计工具、材料和技术，解答学生在实践中遇到的技术问题，提供实践技巧和经验。教师可以组织技术培训课程或实践讲座，帮助学生掌握实际操作技能，并将其应用于服装设计与工艺中。

2. 问题解决与调整

在实践活动中，学生可能会遇到各种问题和困难，如设计方案不合理、工艺操作困难等。教师可以通过个别指导、小组讨论或现场指导等方式，帮助学生克服问题，调整设计和工艺方案，确保项目顺利进行。

3. 创新思维培养

实践是培养学生创新思维和解决问题能力的重要渠道。教师应鼓励学生尝试新的设计理念和工艺方法，倡导创新和实验。通过引导学生进行自主探索和实践，教师可以培养学生的创新意识和创造力，激发他们独特的设计和工艺想法。

4. 实践成果展示

在实践环节结束后，学生应该有机会展示他们的实践成果。教师可以组织成果展览、评审会或演示活动，让学生向同学、教师和专业人士展示他们的设计作品和工艺成果。通过展示和评审，学生可以从专业人士的反馈中得到启发和改进意见，提高他们的专业水平。

三、实践教学实施阶段

(一)实践过程管理

第一,制订详细的实践计划是实践过程管理的基础。教师和学生应当共同制订实践计划,明确实践目标、内容、时间和资源等。这样可以确保实践活动具有明确的方向和目标,有利于合理安排时间和资源,以提高学生的实践效果。第二,监督实践活动是实践过程管理的核心。教师需要跟踪监督学生的实践活动,确保他们按照计划进行,并提供必要的支持和指导。监督的方式包括定期讨论、实地考察和实习指导等。通过监督,教师可以及时发现学生在实践中遇到的问题和困难,并及时给予帮助和支持,以提高学生的实践能力和水平。第三,及时提供反馈是实践过程管理的重要环节。教师应定期与学生进行沟通,及时提供对学生实践活动的反馈和评价。具体要表扬学生的优点和成绩,鼓励他们继续努力,要指出学生需要改进的地方,并提供具体的建议和指导。通过及时的反馈,学生可以及时了解自己的实践表现,发现问题并加以改进,顺利成长和发展。第四,指导学生解决问题也是实践过程管理中的重要任务之一。在实践活动中,学生可能会遇到各种问题和困难,教师应提供必要的指导和帮助,帮助他们克服困难,具体包括技术指导、专业知识传授、实践经验分享等。通过指导学生解决问题,教师可以提高学生的问题解决能力和创新能力,培养他们的实践能力和综合素质。

(二)产出物管理

首先,收集成果物是产出物管理的第一步。教师应指导学生将实践过程中产生的成果物收集起来。这些成果物包括设计稿、手工样板、制作过程记录、实物作品等。教师可以设立明确的时间点和方式,要求学生提交他们的成果物,确保学生在实践过程中不断有产出。其次,对成果物进行整理和展示。教师可以指导学生对收集到的成果物进行整理和分类,建立成果物档案管理系统,以便后续的查阅和使用。同时,学校可以提供展示平台，如学院的展览空间、线上平台等，让学生的实践成果得到展示和宣传。这样，学生可以展示自己的创作能力和专业水平，增强自信心和成就感。此外，产出物管理还鼓励学生进行交流和分享。学校可以组织学生参与作品交流会、展览观摩活动等，让学生有机会互相学习和借鉴。学生之间的交流和分享不仅可以促进彼此成长，还可以培养他们的团队合作意识和沟通能力。

（三）评估与反馈

（1）设立评估标准。在开始进行实践教学之前，教师应明确评估学生实践成果和表现的标准。这些评估标准可以包括设计创新性、工艺技能、团队合作能力、沟通表达能力等。标准的设立应与产业实践的需求和行业标准相对应，以确保学生培养与实际要求相匹配。

（2）评估学生成果。教师可以通过作品评审、项目报告、设计方案等形式对学生的成果进行评估。评估过程中，应注重综合能力分析，包括设计创新性、技术实施能力、市场适应性等。

（3）定期评估和反馈。评估与反馈应该是一个连续的过程，而非仅在实践结束时进行。教师可以定期对学生的实践成果和表现进行评估，并及时给予反馈。

（4）鼓励学生自我评估。除了教师的评估外，可鼓励学生进行自我评估。学生可以通过自我反思、总结报告等方式，对自己的优点和不足进行评估，从而更好地认识自己，发现问题并制定改进措施。

（5）明确改进空间并提供指导。评估和反馈的目的是帮助学生发展和提高。教师在评估过程中不仅要指出学生的优点，还要明确指出改进的空间，提供相应的指导。教师可以与学生进行个别或小组讨论，帮助他们分析问题，并提供解决问题的方法和建议。

四、后期总结与改进阶段

（一）教学经验总结

在实践教学过程中，需要对整个教学过程进行总结和评估，以了解教学效果和存在的问题，并提炼出有用经验和教训。

（1）强调实践与理论的结合。实践教学应注重学生所学理论知识与实际操作的结合，使学生能够将所学知识应用于实际情境，具体可以通过设计实际项目、参观工作室或企业、与行业专业人士合作等方式实现。

（2）注重学生主体性和创造力。在培养学生的服装设计与工艺专业能力时，要鼓励学生发挥主体性和创造力，激发他们的设计思维和创新能力。可以提供开放式的项目任务，让学生有更多自主选择和创作的空间。

（3）多样化的教学方法。通过多种教学方法的运用，可以激发学生的学习兴趣和积极性。例如，可以组织实地考察、实验室实践、案例分析、小组讨论、作品展示等形式的教学活动，使学生在多样的学习环境中进行综合训练。

（4）建立行业联系和合作。与相关产业合作伙伴建立联系，开展合作项目，可以提供给学生与实际行业接轨的机会，加强产学合作，使学生更好地了解行业需求和发展趋势，并提高就业竞争力。

（二）教学改进计划

基于对教学经验的总结，制订改进计划是提高实践教学质量的关键步骤。要根据产业发展的最新趋势和需求，及时更新教学内容，确保学生获得的知识和技能与行业接轨。实际可以与行业专家保持密切联系，了解行业动态，及时调整教学内容，以增加学生的实践机会，如与企业或工作室合作，参与真实项目等。这样可以使学生在实际操作中提高技能水平，增强实践能力。建立良好的师生互动机制，鼓励学生提问、探索和表达观点。教师要及时给予反馈和指导，帮助学生克服困难，提高学习效果。提供良好的学习设施和资源，创设有利于实践教学的环境。例如，建立现代化的实验室、工作室和展示空间，配备先进的设备和工具。

（三）教学成果展示与分享

为促进产学合作和学科交叉融合，可以组织学生展示实践成果，并与相关产业合作伙伴和其他学院进行交流。组织学生服装设计与工艺作品展览，邀请行业专业人士、教师和其他学生参观。这样有助于展示学生的创作能力和专业水平，同时为学生提供与行业专家交流的机会。要组织学术研讨会，邀请相关领域的专家学者和从业人员进行分享和交流，促进学科交叉融合，拓宽学生的视野。要鼓励与相关产业合作伙伴开展合作项目，如共同研发新产品、举办设计竞赛等，加强学生与行业的联系，提高学生实践能力和就业竞争力。

第三节　产业学院背景下服装设计与工艺专业群人才培养的实践教学资源整合

一、提升校企合作资源整合效果

校企合作是实践教学的重要渠道，可以使学生接触到真实的行业环境和项目，提升他们的实践能力和就业竞争力。为了充分发挥校企合作的作用，需要提升校企合作资源整合效果，以确保资源得到最大化利用，并真正发挥作用。

（一）建立稳定的合作关系是提升校企合作资源整合效果的基础

学院可以通过多种渠道与企业进行沟通，如参加行业展览、组织企业讲座、举办校企交流会等。通过这些渠道，学院可以与企业建立起初步的联系，并了解企业的需求和合作意向。根据专业特点和学科发展方向，学院可确定与哪些企业展开合作，并明确合作的目标和内容。例如，与一些具有知名度和影响力的服装品牌进行合作，可以提供给学生更多的实践机会和实习岗位，同时提高学生就业竞争力。学院需要建立专门的校企合作部门或团队，负责统筹协调校企合作的各项工作。这个团队可以由学校的教师、行业专家和校企合作管理人员组成，负责与企业的联络和沟通、项目策划和执行、合作成果的评估等工作。团队成员应具备丰富的行业经验和专业知识，能够有效地与企业进行合作。此外，还需定期与企业举办座谈会、企业参观等活动，了解企业的发展需求和行业动态。同时，学院可以向企业提供教学资源和专业服务，如为企业进行市场调研、开展培训课程等。通过双方的信息交流和资源共享，可以进一步加深校企合作的内涵和广度。

（二）了解企业的需求和要求是整合校企合作资源的重要前提

学院需要与服装设计与工艺相关的企业建立长期稳定的合作关系，建立互信和共赢的合作模式。这需要学院积极主动与企业进行沟通和合作，洽谈合作项目，并制定合作协议，确保合作的可持续性。通过与企业建立稳定的合作关系，学院可以更好地了解企业的需求和要求，有针对性地整合校企资源，满足学生的实践需求。了解企业的需求和要求是整合校企合作资源的重要前提，学院应积极主动与合作企业沟通，了解其发展方向、技术需求、人才需求等信息。通过与企业的密切合作，学院可以及时调整教学内容和方法，使之符合行业要求，并将实践教学与企业需求结合在一起。例如，学院可以与企业定期合作举办行业研讨会或座谈会，了解行业发展趋势和技术创新，以及企业对人才的要求。通过与企业的深入交流，学院可以更好地了解行业需求，为学生提供与实际工作相符合的教学资源。

二、拓展虚拟与实体资源的互补使用

（一）虚拟资源的拓展

利用互联网和数字技术，可以提供丰富的虚拟资源来支持学生的学习和实践。首先，创建在线学习平台，提供在线课程、学习资料、设计软件等。学生可以随时随地通过网络获取学习资源，进行自主学习和练习。其次，引入虚拟实验室和模拟实践软件，让学生能够进行实践操作模拟和虚拟实验。学生可以在虚拟环境中练习技能、探索创新，提高实践能力。此外，还可以建立在线社区和论坛，促进学生相互交流与合作，共享学习资源和经验。

（二）实体资源的强化利用

虽然虚拟资源可以提供便捷和灵活的学习途径，但实体资源的重要性仍然不可忽视。实体资源包括实验室设备、工作室、展示空间等，它们提供了实际操作和展示的场所。为了充分利用实体资源，可以采取以下策略。首先，优化资源配置，确保实验室设备齐全、工作室环境良好。这样可以为学生提供逼真的实践环境，培养他们的实际操作技能。其次，开展实践课程和项目，让学生在实验室和工作室中进行实际操作和创作。教师可以引导学生运用所学知识解决实际问题，培养学生的创新能力和实践能力。此外，展示空间可以用于展示学生作品，让学生的创作得到认可。

（三）虚拟资源与实体资源的融合

虚拟资源和实体资源是互相补充的，它们的融合使用可以进一步提升实践教学的效果。首先，将虚拟资源与实体资源相结合，可打破时间和空间的限制。学生可以通过在线学习平台预习课程内容，掌握基本知识，然后在实验室和工作室中进行实际操作和练习。这样可以提高学生的学习效率和实践能力。其次，利用虚拟资源进行实践前的模拟和演练。学生可以在虚拟实验室中进行实践操作模拟和练习，熟悉操作流程和技巧，提前解决可能遇到的问题。然后，可通过实体资源进行真实实践和创作，将虚拟实验转化为真实的成果。最后，利用网络平台进行作品展示和分享，让更多人了解学生的创作成果。

三、强化师资与设备资源的优化配置

（一）提高教师的专业素养

要招聘具有丰富行业经验和专业知识的教师，确保他们能够深入了解行业趋势和需求，并将知识与实践教学融合在一起。要制定明确的招聘标准，要求应聘教师具备行业背景和相关工作经验。可以通过设定要求的工作年限、专业背景和行业认可证书等方式来筛选合适的教师候选人。与相关行业建立合作关系，邀请行业专家作为兼职教师或客座教授，参与实践教学。这样的教师具有丰富的实际经验和专业知识，能够向学生传授最新的行业趋势和技能。组织教师参与专业培训，包括行业研讨会、工作坊和培训课程等。这些培训活动可以帮助教师与行业保持密切联系，不断更新知识和技能，提高专业素养和教学能力。鼓励教师参与学术研究和创新项目，可培养其独立思考和解决问题的能力，而这可以通过为教师提供研究经费、学术论文发表支持和研究合作机会等方式来实现。建立教师交流平台，鼓励教师之间的合作和经验分享。可以定期组织教学交流会议、研讨会和讲座等，让教师有机会互相学习、分享教学经验和教学资源。

（二）优化师资配置

根据教学需求和学科特点，可对教师的工作量和教学任务进行合理分配，避免给予教师过多的教学任务，以确保他们有足够的时间和精力投入实践教学中。通过制定合理的教学任务分配标准和评估机制，确保教师的工作负荷合理均衡，以有效开展实践教学活动。设计并实施师资培训计划，以提升教师的教学技能、创新思维和指导能力，而培训内容可以包括教学方法与策略、实践项目设计与管理、行业前沿知识等。培训形式可以是定期的教学研讨会、教学观摩与反馈、教师交流分享等。要鼓励教师主动与行业专业人士建立联系和合作，通过邀请他们来校举办讲座、指导或合作项目，增强实践教学的专业性。行业专业人士可以分享最新的行业动态和实践经验，为学生提供更贴近实际需求的指导。

（三）更新设备与工具

在更新设备与工具方面，可以采取以下策略来提升产业学院背景下服装设计与工艺专业群的实践教学效果：

第一，定期评估现有设备的状况和适用性。建立设备评估机制，定期对现有设备进行评估，包括设备的性能、可靠性和安全性等方面。根据评估结果，可识别需要维修、更新或替换的设备，并制订相应的计划。定期开展设备维护和保养工作，确保设备正常运行。

第二，引进最新的技术和工具。密切关注行业的发展趋势和最新技术，及时引进与服装设计与工艺相关的先进技术和工具，为学生提供使用 CAD/CAM 系统、3D 打印机、服装制版设备等最新工具的机会，培养他们的数字化设计和制造能力。与行业合作伙伴建立联系，了解其最新技术和工具的应用，进而通过合作或购买方式引进新设备和工具。

第三，配置充足的实验室设备和工作室空间。根据实践教学需求和学生人数，合理配置实验室设备和工作室空间，确保学生有足够的机会进行实践操作和实施项目。提供各种类型的实验室设备，包括缝纫机、纺织设备、制版设备等，以满足不同课程和项目的需求。设计和布置工作室空间，提供良好的学习环境和创作空间，激发学生的创造力和设计思维。

第四节　产业学院背景下服装设计与工艺专业群人才培养的实践教学效果评价

一、搭建多元化的教学评价体系

（一）综合评价

实际可根据学生的实习报告、项目成果、作品展示等综合评价学生的实践能力和综合素质。

1. 实习报告

学生通过实习报告能够展示他们在实践过程中的思考和学习成果。报告的内容应包括实习项目的目标与计划、实施过程中遇到的问题与解决方案、实践经验和心得体会等。通过评价学生的实习报告，可以了解他们对实践工作的理解程度、思考问题的深度和解决问题的能力。

2. 项目成果

学生在实践项目中所完成的作品、设计的解决方案，能够直观地展示他们的实践能力和专业水平。评价项目成果时，应考察其创新性、实用性、质量和专业性等。此外，还可以通过项目策划、执行和结果呈现等环节，综合评价他们的表现。

3. 作品展示

学生的设计作品、手工制作品等能够直观地展现他们的创造力、技术操作能力和审美能力。评价所展示作品时，应重点关注作品的创意性、表现力、专业性等方面。通过对展示作品进行评价，可以了解学生的设计思维和艺术表现能力，评估他们在设计与工艺方面的综合能力。

（二）行业认可

行业认可是产业学院背景下服装设计与工艺专业群人才培养成果评价中至关重要的一环。通过与行业企业建立紧密联系，邀请行业专家参与评审，可以提高学生实践成果的行业认可度。学校应积极与服装设计与工艺相关的行业企业建立合作关系，开展联合项目和实践活动。与行业企业的密切合作可以为学生提供真实的行业环境和参与项目机会，使他们能够更好地了解行业要求和趋势。同时，与行业企业的合作能够增加学生实践成果的行业认可度，使学生的作品和项目更具实用性和市场竞争力。学校可以组织评审活动，邀请具有丰富行业经验和专业知识的行业专家担任评审委员。行业专家可提供专业性的指导，确保其实践成果符合行业要求和标准。学校可以与行业企业合作，邀请行业专业人士担任学生的行业导师。行业导师作为实践教学的指导者，可以为学生提供专业知识、行业经验和实践技巧，引导学生将理论知识应用到实践中。行业导师的指导有助于提高学生实践成果的行业认可度，使学生在实践中得到真实的行业认可和支持。举办行业交流活动也是增加学生实践成果行业认可度的重要举措。学校可以组织行业交流活动，邀请行业专家和企业代表来校与学生进行交流和互动。学生通过与行业专家和企业代表的交流，能够更深入地了解行业的需求和趋势，从而不断提升自身的实践能力和专业素养。

（三）学生反馈

学生反馈作为实践教学评价的重要组成部分，具有指导性和改进性的作用。首先，定期收集学生对实践教学环节的反馈意见，是一种重要的信息来源。学生的反馈可以帮助教师了解学生对教学内容、教学方法和学习资源的感受和评价。例如，通过课堂讨论和小组讨论，教师可以鼓励学生分享对课程的看法和建议，以及对教学活动的反馈。开放式的交流能够促进学生积极参与教学，同时提供改进教学的线索和思路。其次，学生反馈可以帮助教师了解学生的学习体验和困难。教师可以通过定期的问卷调查或面谈，向学生征求对教学活动的评价和建议。学生可以分享他们在实践过程中遇到的困难和挑战，以及对教学设计和资源支持的需求。通过听取学生的反馈，教师可以了解学生的学习情况，有针对性地提供帮助和支持，促进学生学习进步和发展。此外，学生反馈还可以促进教学设计优化和改进。通过学生的反馈，教师可以了解教学活动的有效性和需要改进之处。例如，学生可能提出对某个实践项目或课程安排的建议，教师可以结合这些建议，进行教学活动调整和改进，提高实践教学的质量和效果。教师还可以邀请学生参与教学设计，共同探讨和决策课程目标、教学方法和评价标准，使学生的参与度更高，增强教学的针对性。除此之外，学生反馈还可以促进教师的专业发展。教师可以根据学生的反馈，思考自己的教学方式和方法是否合适，是否能够满足学生的需求。教师可以借助学生的反馈，进行教学实验和改进，不断提高自身的教学能力和教学效果。同时，教师还可以通过与其他教师交流学生反馈的经验和教训，共同探讨教学改进策略和方法，形成良好的教师专业共同体。

（四）教师评价

教师评价作为实践教学中的重要环节，对于产业学院背景下服装设计与工艺专业群人才培养的实践教学效果评价至关重要。教师能够全面、深入地评估学生在实践活动中的表现和成果。教师评价不仅能够指出学生的优点和不足，还能够给出具体的改进建议，提供专业的指导。在评价学生的设计作品时，教师可以针对作品的创意性、质量、可行性等进行评估，并提出具体的改进意见，引导学生在设计过程中不断提高自身的专业水平。通过教师的评价，学生可以更客观地认识自己的实践能力和潜力。教师的专业评价能够帮助学生了解自身的优势和不足，引导他们积极发挥优势，改进不足，并不断提升自身的实践能力。教师可以针对学生在实践项目中的团队合作能力进行评价，指出学生在沟通、协作等方面的优势和需要改进的地方，激励学生不断提高自己的团队合作能力，实现全面发展。通过及时的评价反馈，教师可以鼓励学生继续努力，激发他们的实践兴趣和热情。教师可以相互交流，分享教学经验和教学方法，共同提升教学水平。教师通过相互之间的评课交流，可以帮助彼此发现不足，共同讨论改进教学方式和策略。在评价学生的课堂表现时，教师可以与其他教师展开讨论，分享课堂管理经验，共同提高教学质量和效果。

二、构建实践能力评价标准

（一）设计思维评价标准

评估学生的设计思维能力，需涉及问题定义、创意发展、解决方案等方面。

1. 问题定义能力评价

需评估学生在设计过程中对问题的准确理解和明确定义能力。评价学生的问题定义能力需要了解他们是否能够清晰地界定问题的范围和关键要素，从而为后续的创意发展和解决方案设计提供明确的方向。

2. 创意发展能力评价

需评估学生在问题解决和设计中的创意发展能力。创意发展是设计思维的核心环节，要求学生能够通过多样化的思考和创意方法，提供多个可能的解决方案。评价学生的创意发展能力需要考察他们是否能够呈现多样性的创意选项，并进行深入的探索和扩展，以发现更有潜力和创新性的设计方案。

3. 解决方案评价

需评估学生所提出解决方案的可行性和创新性。解决方案的评价侧重学生的设计选择和方案规划。评价学生的解决方案需要考察其是否能够合理运用设计原理和技术知识，解决设计问题，并满足相关的要求。同时，还要评估学生提出的解决方案是否具有创新性和独特性，能否突破传统思维的局限，提供新颖的设计理念和解决方案。

在设计思维评价中，可以采取以下方法：

（1）设计作品评审。可对学生的设计作品进行评审，评估其在问题定义、创意发展和解决方案方面的表现。评审可以由教师、行业专家和同行进行，以获得多角度和权威性的评价结果。

（2）设计讨论和反馈。组织学生进行设计讨论和反馈，鼓励他们分享自己的设计思路、经验和观点。通过互相交流和借鉴，学生可以得到更多的反馈和启发，提升设计思维能力。

（3）设计日志和反思。要求学生记录设计过程中的思考和决策，并进行反思和总结。设计日志可以帮助学生更好地了解自己的设计思维过程，并提供材料供评价和改进之用。

（二）技术操作能力评价标准

1. 工具和设备的掌握程度

评价学生在实践教学中对所使用工具和设备的掌握程度。这包括学生对各种工具的功能和使用方法的理解程度，能否熟练地操作各类缝纫机、纺织设备和服装制版设备等。评估时可以观察学生的操作流程、姿势正确性和操作的稳定性。

2. 操作的准确性

评估学生实际操作的准确性，即了解其能否按照要求进行正确的操作。学生应具备准确测量、裁剪、缝纫等操作技巧，能够精确控制材料和工具，遵循正确的工艺流程。评估时可以观察学生的操作是否符合标准要求，是否能够保证产品的质量和准确度。

3. 操作的流畅性和高效性

需评估学生操作的流畅性和高效性，具体涉及括学生动作的协调性、操作的速度，以及对时间的分配。学生应具备高效利用时间、迅速应对问题和调整操作步骤的能力，以提高工作效率和生产效益。

4. 工艺技巧应用能力

学生应熟练应用各种工艺技巧，如缝纫、剪裁、熨烫等，以确保服装制作的质量并符合设计要求。评估时可以观察学生在实践操作中对工艺技巧的正确应用和灵活运用情况。

5.安全操作意识

学生应具备正确使用工具和设备的安全意识，遵守相关的操作规程，预防操作中的意外事故。评估时可以观察学生是否按照安全要求进行操作，并采取相应的安全措施。

（三）创造力评价标准

评价学生的创造性思维和创新能力，具体涉及独特性、创新性、艺术性、实用性等方面。

（1）独特性。评估学生的设计作品是否具有独特的风格和特点。重点关注学生是否能够通过创新设计理念、独特造型或材质运用等展示出与众不同的特色。

（2）创新性。了解学生在解决设计问题时是否能够提供新颖的创意和设计方案。要加强关注学生的思维灵活性、创新意识和对时尚潮流的敏感度。

（3）艺术性。考查学生对美学和艺术表达的理解和应用能力。评估学生在色彩搭配、材质选择、纹理运用等方面的艺术表现能力。

（4）实用性。关注学生的设计作品是否能够满足实际的需求和市场要求。评估学生是否能够将创意与实用性结合在一起，充分考虑服装的功能性和舒适性。

（四）团队合作能力评价标准

团队合作能力评价是评估学生在团队项目中的协作能力、沟通能力和领导能力等。

1.协作能力

（1）角色定位。评估学生在团队中明确的角色定位，包括分工合作、任务分配和协调安排等。

（2）团队参与。评估学生在团队项目中的积极参与和贡献程度，包括对团队目标的关注和努力实现团队目标的能力。

（3）问题解决。评估学生在团队合作过程中解决问题和处理冲突的能力，包括灵活应对和妥善解决团队内部的分歧和矛盾。

2. 沟通能力

（1）口头表达。评估学生在团队合作中清晰准确表达自己观点和想法的能力，包括口头陈述和演讲能力。

（2）听取他人意见。评估学生在团队合作中积极倾听和接受他人意见的能力，包括对他人观点的尊重和理解。

（3）团队交流。评估学生在团队合作过程中进行团队内外沟通和协调的能力，包括信息传递、会议组织和文件共享等方面的能力。

3. 领导能力

（1）目标设定。评估学生能否在团队合作中设定合适的目标，并传达给团队成员。

（2）激励团队。评估学生在团队合作中激发团队成员积极性和创造力的能力，包括鼓励、赞赏团队成员的表现。

（3）决策能力。评估学生在团队合作过程中做出决策的能力，包括综合分析、权衡利弊和做出明智决策的能力。

三、实施全面的教学效果评价

（一）课堂观察评价

教师可以观察学生有没有认真听讲、积极参与课堂讨论和活动。学生的学习态度体现了他们对学习的重视程度和自主学习能力。教师可以评估学生的主动性、学习动力等，以判断他们是否具备良好的学习态度。教师可以评估学生的合作态度、贡献度以及对他人意见的接纳程度，以判断他们是否具备良好的参与能力。要观察学生在课堂练习、演示展示和实验操作中的表现。学生表现出来的水平反映了他们对学科知识的掌握程度、技术操作能力以及创新能力。教师可以评估学生的知识理解程度、技术熟练程度以及解决问题的能力，以判断他们是否有良好的表现。在课堂观察评价中，教师可以采用多种观察方法和评价工具。例如，教师可以记录学生的参与情况和表现细节，或者利用评分表和评价标准进行评价。同时，教师还可以通过与学生的交流和反馈来了解他们的学习体验和需求，进一步细化评价结果。教师可以与学生进行一对一的讨论，帮助他们认识自身的优势和改进方向，并提供相应的学习建议。通过及时的反馈和指导，可以激励学生更好地参与课堂学习，提高实践能力和综合素质。

（二）作品展示评价

在作品展示评价中，首先需要对学生的创意性进行评估。创意性是衡量设计师能力的重要指标，体现了学生在解决问题时的独特思维和创新能力。评价时，可以关注学生作品的独特性、创新性和个性化，考察其是否突破传统束缚，呈现出了新颖而具有吸引力的设计理念。其次要评估作品的质量。质量评估包括对设计作品制作精度、材质选择和工艺运用等方面的考察。评价时应关注细节处理是否精细、制作是否符合要求，以及材质的选择是否合理等。最后要评估作品的专业水平。评价学生作品的专业水平时，主要考查学生对服装设计与工艺相关知识的掌握和运用能力。评估时可以关注学生对服装设计原理、色彩搭配、面料选择等方面的理解和运用情况。此外，还可以考查学生对时尚潮流和市场需求的把握能力，判断其作品是否具有商业竞争力。

（三）实践报告评价

一个优秀的实践报告应具有清晰的结构，包括引言、背景介绍、目标设定、方法与步骤、结果与分析、总结与反思等部分。评价时可以关注报告的结构是否合理、各部分是否连贯、逻辑是否清晰。优秀的实践报告应该有足够的深度和广度，即对项目的各个方面进行全面的分析和总结。评价时可以关注学生是否能够深入挖掘问题的本质、把握实践活动的核心要点，以及是否能够从多个角度进行思考和分析。实践报告评价不仅关注学生对项目的描述和总结，还关注学生的创新性和独立思考能力。评价时可以看学生是否能够提出独到的见解和观点，是否能够将实践经验与相关理论知识结合在一起，展示出对问题的深入思考和理解。实践报告的价值在于能够为实践活动提供有效的反馈和建议。评价时可以关注学生是否能够准确描述实践过程中的问题和挑战，并提出可行的解决方案和改进措施。此外，评价时还可以考查学生对实践结果的评估和对未来工作的规划与展望。

（四）学术论文评价

学术论文应该具有清晰的结构和良好的组织，能够通过引言、文献综述、方法论、实证分析和结论等部分，完整而有条理地呈现研究内容。评价时可以关注论文的逻辑性，即观察论文是否有清晰的论证链条和合理的论述顺序。此外，还可以评估学生对论文结构的掌握程度，是否能够将不同部分有机地连接起来，使整篇论文具有连贯性。学术论文评价还应关注学生对研究领域的深入了解和广泛调研。学生应该能够对相关文献进行综合分析，并能够运用合适的理论框架和方法进行研究。评价时可以观察学生是否对学术领域有系统的认识，是否能够对现有研究进行批判性思考，提出新的观点或解决问题的方案。评价时可以观察学生是否能够运用正确的研究方法，是否能够对数据进行准确和可靠的处理，以及是否能够得出科学合理的结论。此外，还可以评估学生的学术语言运用和表达能力，包括文献引用的准确性和风格的规范性。评价学术论文时需要关注学生的创新思维和学术贡献。学生应该能够提出新的观点、方法或解决方案，并对现有研究进行批判性思考和改进。评价时可以观察学生是否能够在研究领域提出新的见解或创造性地应用现有理论和方法。

第七章　服装设计与工艺专业群人才培养案例——以龙渡湖时尚产业学院为例

第一节　龙渡湖时尚产业学院案例背景与办学模式

一、龙渡湖时尚产业学院案例背景

杭州职业技术学院是位于中国浙江省杭州市的一所以职业技术教育为主的高等学府。学院的前身是创建于 1978 年的杭州纺织专科学校，经过多年的发展和转型，于 2003 年正式更名为杭州职业技术学院。学院坚持以培养应用型、创新型、实践型人才为目标，致力满足社会对高素质技术技能人才的需求。学院拥有多个系部，涵盖了众多专业领域，如纺织服装、机械制造、电子信息、建筑工程、商贸管理等。同时，学院积极推动与企业和行业的深度合作，注重实践教学和产学研用的结合。杭州职业技术学院致力提高教学质量和培养学生的实践能力。此外，学院还注重实践教学和实习实训环节的设置，为学生提供与企业合作的实践机会，培养学生的创新精神和职业技能。杭州职业技术学院在教育教学质量方面取得了显著成绩。学院在职业技能竞赛和科技创新方面屡获殊荣，学院学生在各类比赛中展示出了优秀的专业能力和团队合作精神。学院还与国内外高校和机构开展学术交流与合作，为学生提供更多学习和发展机会。作为浙江省乃至全国职业教育领域的重要力量，杭州职业技术学院以其优质的教育资源和卓越的教学质量，为培养高素质技术人才和促进区域经济社会发展做出了积极贡献。

为了应对当前家纺行业发展面临的挑战，提升人才培养质量，可推动乡村振兴战略的实施。杭州职业技术学院与海宁市许村镇人民政府、海宁市职业高级中学和海宁市家用纺织品行业协会合作建设产业学院。各方以"杭海新城"发展为重要契机，旨在探索中高职一体化（五年一贯制）的新型人才培养模式，力争将产业学院打造成全国一流、具有国际影响力和特色鲜明的混合所有制办学职教样板。通过政府、学校、企业和行业协会的跨界合作，产业学院可为区域经济社会发展培养优质人才，助推区域产业发展和区域振兴。通过实施中高职一体化的人才培养模式，将中职和高职教育有机结合起来，可促使教育各阶段无缝衔接。学院将注重创新人才培养模式和教学内容，培养具有国际视野和创新精神的高素质人才。通过国际合作与交流，可提升学院的国际声誉和竞争力。产业学院的目标是培养适应区域经济发展需求的优秀人才。通过与企业合作共建实训基地、开展职工培训等方式，学院将提高学生的实践能力和职业素养，使其具备满足企业和行业需求的综合能力。通过培养优质人才和推动产业发展，学院将成为区域产业发展和振兴的典范，为区域经济社会发展注入新的活力和动力。合作建设的产业学院将为杭州市和海宁市的区域经济发展和职业教育提供有力支持，培养适应时代需求的优质人才，并为其他地区和行业提供可借鉴的经验和模式。

产业学院的建设背景通常是为了满足特定地区或行业的发展需求，培养符合市场需求的高素质人才，并促进产业的创新和升级。

（一）海宁市地方经济发展需求

随着全球纺织行业的竞争加剧和市场需求的变化，海宁市面临着产业升级和转型的迫切需求。传统的家纺布艺产业需要向高附加值、高技术含量的产品方向发展，以适应市场需求变化。因此，海宁市需要培养更多具备创新能力和高级技术的专业人才，推动产业向高端、智能化和可持续发展的方向转型升级。随着产业升级和技术创新，海宁市需要大量高素质的人才来支持产业发展，具体包括纺织技术、设计、营销、供应链管理等各个领域的专业人才。然而，目前海宁市的人才供给有所不足。因此，培养专业人才、提高劳动者的技能水平和职业素质就成了海宁市地方经济发展的迫切需求。为了实现可持续发展，海宁市需要加强创新创业发展，促进产业链的延伸和增值。除了注重技术创新和产品研发外，还需要培养更多具备创业意识和创新能力的人才。这些人才可以带动产业链上下游的合作与创新，促进产业集群的形成和发展。通过加强创新创业教育和培训，海宁市能够培养更多具备创新创业能力的人才，推动地方经济的创新发展。

（二）人才供给短缺

随着时尚产业的快速发展，具备创新设计能力和专业工艺技能的人才需求不断增加。时尚产业中的设计和工艺技术不断更新换代，需要人才具备持续学习和适应新技术的能力。然而，很多从业人员的技术水平无法与行业的发展步伐保持同步，造成了技术人才供给短缺的现象。在时尚设计和工艺领域，有一部分高素质的专业人才选择离开传统企业，转向创业或自由职业。人才流失使得传统企业面临更大的人才缺口。另外，目前的人才培养机制也存在问题，学校和企业之间的合作不够紧密，学生在校期间接触实践机会较少，无法有效培养实践能力和创新思维。

基于以上背景，杭州职业技术学院与相关政府机构和企业合作建设产业学院，旨在提高家纺行业的技术水平和人才培养质量，促进乡村经济的发展。通过产学合作、政校企联合的方式，可促进人才培养与产业需求紧密对接，推动家纺行业创新与升级，助力乡村振兴战略的实施。

二、龙渡湖时尚产业学院办学模式

杭州职业技术学院与海宁市许村镇人民政府、海宁市职业高级中学和达利国际集团共同建设混合所有制办学模式，旨在充分发挥各方的优势资源，共同推动产业学院的发展和人才培养。

（一）龙渡湖时尚产业学院混合所有制办学模式的内涵

混合所有制办学模式是教育领域一种特殊的学校所有制形式。在混合所有制办学模式下，学校的所有权和管理权可以由政府或公共机构、企业、社会组织等多种主体共同持有。

（二）龙渡湖时尚产业学院混合所有制办学模式的特征

混合所有制办学模式在产业学院中主要是通过结合多种资本、多元化的治理结构以及灵活的运行机制来施行的。龙渡湖时尚产业学院作为实施混合所有制办学模式的例证，其特征表现在几个方面。其一，多元化的产权结构。龙渡湖时尚产业学院引入了多种形式的资本，如国有资本、集体资本和非公有资本。通过这种方式，学院打破了传统的单一资金来源模式，更好地满足了学院发展的经济需求。其二，多样性的治理结构。龙渡湖时尚产业学院的治理结构注重民主参与、互动管理和共同治理，形成了一个更加平衡和协调的决策、执行和监督体系。多样性的治理结构可以满足多元化主体的利益诉求，同时有利于促进学院的健康发展。其三，灵活的运行机制。龙渡湖时尚产业学院鼓励和支持各种社会力量参与办学。学院成了真正的市场主体，能够根据市场需求进行灵活调整和运营，从而在各种市场变化中保持竞争力。

（三）龙渡湖时尚产业学院混合所有制办学模式的形态

1. 涉及实质性产权的"真"混合所有制形态

实质性产权的"真"混合所有制形态，是指教育机构与其他实体（如企事业单位、非公有资本）共同持有实质性的教育资产，通过共建股份制教育公司等方式，形成对教育机构共同的、实际的控制。这种形态涉及教育产权的转移和重组，因此它可能涉及复杂的资产评估、股权转让和产权交易等问题。以龙渡湖时尚产业学院为例，在实质性产权的"真"混合所有制形态下，可以与服装品牌企业共建股份制教育公司。这样做的优势主要体现在以下几个方面：能够引入企业资本，为学院提供更强大的经济支撑，也能使学院更加适应市场的变化；与企业共建的教育公司，可以直接连接到产业链，使教育与实际产业需求相结合，提高教育的针对性和实用性；可以让学院更直接地了解企业的人才需求，从而调整课程设置和教学方法，使之更符合企业需求，培养出更符合市场需求的专业人才；企业可以将最新的技术和资源引入教育，使学生有更多的机会接触最前沿的技术和知识，同时学院的教育资源也可以反哺企业，促进企业的发展。

2. 半产权性质的"类"混合所有制形态

半产权性质的"类"混合所有制形态是龙渡湖时尚产业学院混合所有制办学模式的一个重要组成部分。在这种形态下，虽然不涉及实质的产权转移，但学院可以通过与其他社会力量的合作，共建学院、课程或者实验室等，从而提高教育质量，扩大教育影响力。龙渡湖时尚产业学院可以通过与社会力量共建二级学院扩大教育资源。例如，学院可以与某著名的服装设计机构共建一个专门的设计学院，该学院的设立可以充分借鉴和利用设计机构的专业优势和资源，从而提升学院的教育质量。此外，共建形式还可以增强学院的品牌影响力，提升学院的社会认可度。学院还可以通过与外国教育机构的合作，引入国外的先进设计理念和技术，丰富学院的教育内容。例如，学院可以与国外的设计学院进行合作，开设联合课程或者开展交换生项目，让学生有机会接触国外的设计理念和技术。这样不仅可以提高学生的国际视野，还能够增强学院的教育吸引力。学院还可以通过与企业的合作，推行产学研一体化的教学模式。例如，学院可以与企业共建实验室，引入企业的先进设备和技术，为学生提供实践机会。

3. 不涉及产权的"泛"混合所有制形态

不涉及产权的"泛"混合所有制形态是混合所有制办学模式中的一种特殊形态。在这种模式下，教育机构并不与其他主体进行实质性的产权交换，但可以通过各种形式的合作，整合和共享资源，提高教育质量和效率。

在龙渡湖时尚产业学院的实践中，以下是一些具体的实施方式：

（1）公私合作（PPP）模式。在这种模式下，学院可以与社会力量共建基础设施。例如，学院可以与企业合作建立一套完善的服装设计和生产实验室或工作室，从而在基础设施建设方面节省大量资源，同时使教学设施更加贴近实际的产业需求。

（2）委托管理。公办、民办院校之间可以相互委托管理，共享资源。这种模式可以打破传统的教育界限，实现资源的最优配置。例如，如果某个公办学院在某个专业上有优势，那么可以将这个专业委托给民办学院管理，从而使学生获得更好的教育资源。

（3）学科合作。学院可以与其他学院或研究机构在特定的学科领域进行合作，如共建研究中心，进行联合研究等，这样可以提高学院在特定领域的研究水平和教学质量。

（4）教育服务外包。学院可以将某些教育服务外包给社会力量。例如，可以将职业指导、心理咨询、图书馆管理等服务外包给专业机构，提高服务质量，同时也能够让学院更专注于核心的教学工作。这种不涉及产权的"泛"混合所有制形态，通过多种方式提高教育质量和效率，使得教育机构能够更好地适应社会的变化和需求。

（四）龙渡湖时尚产业学院混合所有制办学模式中的角色

1. 杭州职业技术学院在模式中的角色

作为高等职业技术教育机构，杭州职业技术学院可发挥其教育资源和专业教学经验方面的优势。学院将负责提供专业教育课程、教学设施、教师团队以及学术支持，为产业学院的学生提供高质量的教育培训。

（1）教育资源提供者。作为一所高等职业技术教育机构，杭州职业技术学院具备丰富的教育资源，将为产业学院提供教学设施、教材、教师团队和教学经验等方面的支持。学院的专业教育课程将为产业学院的学生提供系统化、专业化的教育培训。

（2）课程设置与教学指导。杭州职业技术学院将参与产业学院的课程设置和教学指导工作。基于学院的教学经验和行业洞察力，学院将协助产业学院制定适应行业需求和发展趋势的课程体系，确保学生所学内容与实际工作需求相匹配。

（3）教学质量保障。作为高等职业技术教育机构，杭州职业技术学院拥有严格的教学质量保障体系。学院将与产业学院合作，共同确保教学质量提高。学院将参与教师培训、教学评估等方面的工作，促进产业学院教学水平不断提升。

（4）实践教学支持。杭州职业技术学院将为产业学院的学生提供实践教学支持。学院可以为学生提供实习、实训、实验等实践机会，让学生在真实的工作环境中应用和锻炼所学知识和技能。这样有助于学生更好地适应行业需求，提高就业竞争力。

（5）专业指导与就业服务。杭州职业技术学院将为产业学院的学生提供专业指导和就业服务。学院将与产业学院合作，开展职业规划指导、实习就业指导等活动，帮助学生顺利就业并适应职业发展。

2. 海宁市许村镇人民政府在模式中的角色

许村镇人民政府将提供政策、行政协调和投资等方面的支持。政府将与学院合作，共同制订产业学院发展规划，并为学院提供办学所需的政策支持和行政协调。

（1）政策支持和协调。作为地方政府，海宁市许村镇人民政府负责制定和实施有利于产业学院发展的政策。政府将根据产业发展的需要和教育培养的要求，提供相关政策指导和支持，为产业学院的顺利运营和发展创造良好的政策环境。此外，政府还协调各方资源，推动产业学院的建设和发展。

（2）投资扶持。为了支持产业学院的建设和运营，海宁市许村镇人民政府可提供资金和资源。政府可以通过拨款、设立专项基金，为产业学院提供必要的经济保障，确保学院正常运营和发展。

（3）教育规划和协调。政府负责与杭州职业技术学院和海宁市职业高级中学进行教育规划和协调工作。政府与学校共同确定产业学院的专业设置、课程安排和教学质量标准，确保学院的教育与行业需求相匹配。此外，政府还可以协调各方资源，促进产业学院与其他教育机构的合作与交流。

（4）发展战略和产业对接。政府负责制定产业学院的发展战略和规划。政府将与行业协会密切合作，了解家用纺织品行业的发展趋势和需求，为产业学院提供行业对接指导和支持。基于产业学院的培养和引导，政府将推动当地纺织产业升级转型，促进产业的可持续发展。

3. 海宁市职业高级中学在模式中的角色

职业高级中学将与产业学院合作，提供中职教育资源和实训基地。学校将为产业学院的学生提供中等职业教育阶段的教育培养支持，为学生顺利进入产业学院奠定良好的基础。

（1）中等职业教育资源。海宁市职业高级中学具备丰富的中等职业教育资源，包括专业教师团队、实训设施、教学经验等。作为合作伙伴之一，该中学将发挥其中职教育的特点和优势，有效培养产业学院的学生。

（2）实训基地。职业高级中学通常拥有一定实训基地，这些实训基地可以用于开展实践性教学和技能培训。对于产业学院而言，这些实训基地提供了实践操作和实际技能培养的场所，让学生能够在真实的工作环境中进行实践。

（3）基础知识与技能培养。职业高级中学注重学生的基础知识和技能培养，为他们的进一步职业发展打下坚实基础。在产业学院的混合所有制办学模式中，职业高级中学将负责培养学生的基本职业技能、实践能力和工作素养，以满足行业对于初级技术工人的需求。

（4）顺接产业学院。作为产业学院的合作伙伴，海宁市职业高级中学的任务之一是为学生提供顺畅的升学通道。通过与产业学院的紧密合作，职业高级中学可使学生接受良好的中职教育，帮助他们顺利进入产业学院继续深造，拓宽其职业发展渠道。

4. 达利国际集团在模式中的角色

达利国际集团将发挥行业导向和行业资源整合的作用。集团将为产业学院提供行业发展趋势分析、市场需求等信息，帮助学院调整课程设置和教学内容，使其更符合行业需求。

（1）行业导向与资源整合。达利国际集团作为行业组织，具有行业导向和行业资源整合的职责。达利国际集团了解家用纺织品行业的发展趋势、市场需求、技术创新等方面的信息，并将这些信息传递给产业学院。达利国际集团能够提供行业发展的战略方向，为学院的课程设置和教学内容提供指导，使其更加贴合行业需求。

（2）行业信息和技术支持。达利国际集团可以为产业学院提供行业的最新信息和技术支持。可以分享行业的市场动态、技术创新、产品研发等方面的信息，帮助学院了解行业的最新趋势和发展方向。此外，达利国际集团还可以邀请行业专家和企业代表来学院举办讲座，提供专业的技术培训和指导。

（3）实践机会和合作项目。达利国际集团可以协助产业学院与行业企业建立合作关系，促进学院与企业之间的实践合作。达利国际集团可以帮助学院安排学生实习和就业，让学生能够接触到真实的工作环境，提高实践能力和就业竞争力。此外，达利国际集团还可以与学院共同开展项目研究和技术合作，促进产学研结合，推动行业的创新和发展。

（4）人才培养和职业规划。达利国际集团可以参与产业学院的人才培养计划，提供行业专业知识和技能培训，帮助学院培养符合行业需求的高素质人才。达利国际集团可以组织职业规划活动，为学院的学生提供就业指导和职业发展支持，帮助他们更好地融入行业并实现个人职业目标。

通过以上各方的合作，混合所有制办学模式将实现资源共享、优势互补。这样的合作模式有助于提高学院的办学质量和教学水平，为产业培养合格的技术人才，进而推动产业发展和经济转型。

第二节　龙渡湖时尚产业学院专业群人才培养内容与措施

一、以"精技能、重复合"为目标，推进人才培养模式改革

学院可携手达利国际集团深化校企命运共同体建设，校企共同明晰专业群人才培养定位，构建基于女装产业链的专业群建设发展机制。依据"基础共享、专技阶进、研学交融"，强化"美育"融入，重构时尚特征凸显的专业群课程体系，试点基于"1+X"的人才培养模式改革，多途径培养女装技术技能拔尖人才，使专业群建设始终和产业发展同步，使人才培养和产业需求全方位融合。

（一）深化校企命运共同体建设，推进专业群人才培养模式改革

推动达利国际集团等紧密合作企业申报产教融合型企业，提高企业参与专业群人才培养活动的主动性积极性，在现代学徒制培养、"1+X"证书制度改革、双师教学团队建设、设备资源投入等方面取得突破性进展，形成校企命运共同体。

根据女装产业向"时尚＋科技"转型发展趋势，围绕女装产业品牌化、个性化、智能化发展新需求，及时调整人才培养定位，并同步更新教学内容；根据时尚女装岗位链对人才的新需求，渐进拓展专业群外延，适时增设时尚女装定制、女装视觉营销专业方向，动态调整专业群结构，

确保人才链与女装产业链精准对接，使专业群建设始终和产业发展同步，促进人才培养和产业需求全方位融合。

（二）梳理逻辑架构，试点基于"1+X"证书制度的人才培养模式改革

依托与全球知名丝绸女装企业——达利国际集团共建的产业学院机制优势，率先试点"1+X"证书制度改革，实现"岗位基本能力"和"岗位拓展能力"培养双线并进，对接X证书标准实施课证融通，以研促学推进专业互融，"双线双融"推进高技能复合型人才培养模式改革。

第一学年开设专业群共享课，第二学年同步开设"专业分立模块课程"和"专业互融模块课程"。一线基于"岗位基本能力"设置职业知识、技能、素养等能力递进的"专业分立模块课程"，对接职业能力标准，实现课证融通；一线基于"岗位拓展能力"设置"专业互融模块课程"。跨专业组建学生团队和导师团队，从磨合期到成长期，再到成熟期，秉承项目产品从简单到复杂的螺旋形设计理念，开展初级产品研发项目、创意产品研发项目，承接中小微企业产品研发项目，同时建立过程评价和市场认可度相结合的评价体系，提高学生的创新能力，实现专业互融。通过"双线双融"可达到以研促学、以学促研的目的，增强学生的社会适应力、岗位竞争力和创新力，如图7-1所示。

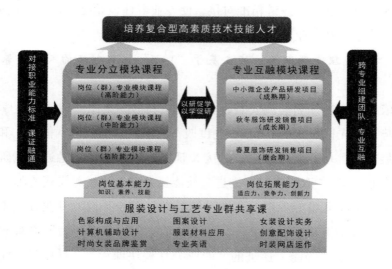

图 7-1　双线双融人才培养模式示意图

（三）强化"美育"融入，重构时尚特征凸显的专业群课程体系

以女装产业链的女装面料开发、女装产品研发、产品销售等岗位能力需求为导向，按照"宽基础、精技能、重复合"原则，以"1+X"证书制度改革为引领，系统构建"基础共享、专技阶进、研学交融"的专业群课程体系。根据时尚女装产业岗位群既各自独立又相互依附的特性，搭建专业群共享课程平台，培养学生时尚女装产业基础知识与基础技能；对接时尚女装产业面料设计、女装针织、梭织产品研发、女装营销等四个方向建设四大模块化课程，培养学生不同专业方向的岗位技能；开设专业互融模块课程，培养学生可持续发展、多岗迁移的职业能力。

强化类型教育思维，将思政教育、劳动教育、美育教育、工匠精神融入课程体系，通过"党课团课""团日活动"等融入思政教育，强化立德树人，坚持社会主义办学方向；通过"志愿服务""公益活动"等融入劳动教育，传承中华民族传统美德，弘扬劳模精神；通过"艺术论坛""师生优秀作品展"等融入美育教育，提升学生美学修养和鉴赏能力；通过"技能比武""创意设计大赛"等融入工匠精神，塑造学生精益求精的职业素养。通过四年建设，以专业群共享课夯实"宽基础"，以专业群模块课锻造"精技能"，以专业群互融模块课实现"重复合"，重构时尚特征凸显的专业群课程体系（图7-2）。

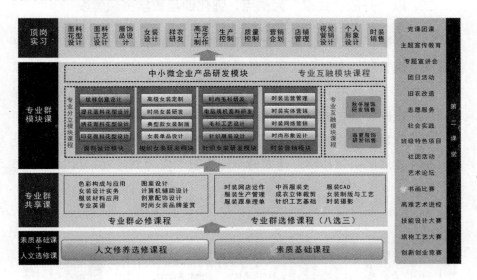

图7-2　服装设计与工艺专业群课程体系图

（四）实施"金顶针"计划，培养国际化女装技术技能拔尖创新人才

发挥时尚女装技术技能人才培养高地优势，多渠道培养国际化女装技术技能拔尖创新人才。依托全国技术能手大师工作室、全国优秀教师工作室，采用"导师制"培养专业群拔尖人才，组织参加国内外技能大赛，通过以赛促教，实现职业技能和职业素养互融互促。

联合国际服装院校共同开展时尚女装工作坊研发项目，外籍教师、技术能手及教学名师组建指导团队，中外学生组建研发团队，采取国际开放和协作交流的培养方式，通过成果展览、产品研发交流等形式，激发学生的创新意识。

发挥名师名匠的榜样引领作用，培养学生"精益求精、耐心专注"的工匠精神，同时组织参加境外研学、国际时装展演等活动，拓宽学生的国际视野，提升学生审美鉴赏能力。

二、以"开放、共享"为重点，强化课程教学资源建设

对接女装产业技术转型升级，联合浙江服装行业协会、达利国际集团和联建院校等，在原有国家级教学资源库基础上建设专业群教学资源库，建成"一库一中心"（课程教学资源库和特色资源中心），实现课程教学资源建设"三对接"（课程目标对接岗位要求，教学内容对接工作任务，评价标准对接岗位能力）。充分发挥专业群教学资源库对行业、企业、高校发展的引领作用，建立健全课程教学资源共建共享机制，如图7-3所示。

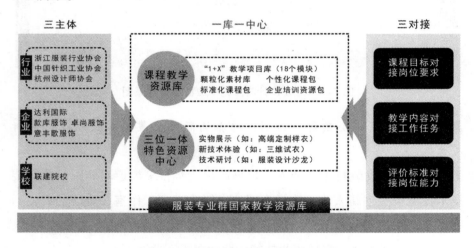

图 7-3　服装设计与工艺专业群课程教学资源建设示意图

（一）整合各方资源，完善专业群国家级教学资源库建设

邀请教学名师、企业专家组成教学资源建设小组，对接岗位要求开发课程标准，科学设计典型教学项目，融入新技术、新工艺、国际化等最新建设元素，通过项目操作实现教学目标，形成典型教学项目库；对

接 "X 证书" 技能考核要求，合作开发实践操作试题库；精细化推进课程实施，以行动导向的任务引领教学为主线，进行课程整体设计和单元设计。

推动服装国家级专业教学资源库高质量优化升级，以建成服装专业群教学资源库。以 "全覆盖、精制作" 为要求建设素材库，制定素材开发技术标准，联合企业共建生产案例库、协同时尚传播公司共建流行信息库、聘请企业技术能手共建操作视频库，引入服装行业前沿技术和最新成果，以视频资源建设为核心，开发微课、大师操作视频、新技术应用视频等，颗粒化资源达 10 000 件以上。以视频、动画、课程学习项目、任务实训项目等组建模块化课程教学资源包 18 个，开发企业培训资源包 100 个。依托达利国际集团的全球资源优势，联合英国曼彻斯特时尚学院、意大利欧洲设计学院等国际知名服装院校，共建多语种 "服装专业国际教学资源库"，引进国际先进的时尚女装产业技术标准、人才标准、教学和管理理念，秉承合作、开放的理念，更好地服务 "一带一路" 沿线国家职业教育发展。

（二）引领产业发展，建设 "三位一体" 特色资源中心

联合资源库共建院校，以优化服装设计国家专业教学资源库应用为导向，建设多个 "实物展示、新技术体验和技术研讨" 三位一体的标准化国家教学资源库特色资源中心，满足师生教学、研发需求，服务中小微企业，拓展青少年职业体验服务。一是建设时尚女装馆，展示国际前沿新型面料、高端定制样衣、杭派品牌女装代表作品、大师手工艺饰品等。二是建设新技术体验区，应用高科技展示手段和交互式体验，建设三维试衣区、服饰品 3D 打印区、智能制造数字化展示区和服装款式数字化拼接区等，体验者可以亲身体验这些设计和制作过程。三是建设交流互动区，联合设计师协会、服装制版师协会、针织工业协会等定期开展服装设计沙龙、制版技术交流培训、工艺设计交流培训等一系列学术交流活动。

（三）强化结果导向，构建课程教学资源共建共享机制

充分发挥服装设计国家级专业教学资源库的平台优势，联合全国资源库共建学校，成立资源库建设领导小组，完善资源库共建共享制度。构建资源建设激励机制，鼓励院校、行业企业积极以新的优质资源充实资源库，及时将企业资源、学校技术开发及科研成果转化成教学资源。充分运用需求导向，面向企业开放，支持企业利用教学资源库对员工开展女装技术技能提升培训，开展岗位技能等级认证考前培训，拓宽企业员工学习提升路径，提升女装行业人员整体素质。充分发挥专业群资源库对行业、企业、高校发展的引领作用，建立教学资源库动态管理机制，确保服装设计与工艺专业群教学资源库资源年更新比例不低于10%。

三、以"课堂革命"为突破，深化教材与教法改革

依托华东师范大学国家职业教育教材建设研究基地，成立"服装职业教育教材研究分中心"，对接企业技术创新开发数字化新形态教材和新型活页式、工作手册式教材。构建新型教学生态，采用虚拟仿真、虚拟现实、增强现实等手段，推进智慧课堂和虚拟工厂建设，以学生的真实获得感和职业生涯发展为导向，推进导生制、真实项目教学、模块化教学等多形态教学方法改革，提高课堂效率和活力，如图7-4所示。

图7-4　服装设计与工艺专业群教材与教法改革示意图

（一）对接企业技术创新，开发新型活页式、工作手册式教材

应对新时代职业教育改革发展要求，研究开发高水平教材，以教材改革推动教法改革。创建教材动态更新机制，完善教材选用机制。联合高等教育出版社、国家专业教学资源库共建院校，成立教材编写委员会，系统构建服装专业群教材体系，以高标准的微课和视频资源为载体，及时融入企业技术研发和创新成果，开发20本数字化新形态教材，实现线上与线下学习有效衔接，满足学习者的个性化学习需求，同时力争建成国家规划教材5本以上。为适应时尚女装流行信息和技术更新迭代快的特征，要开发活页教材实时更新教学内容，融入新技术、新工艺、时尚资讯等，编制"活页教材＋活页笔记＋功能插页"三位一体的新型活页教材36本。引入企业真实工作任务作为教学内容，联合企业开发与岗位工作实际配套的项目任务书，引导学生按企业标准进行任务操作，同步开发设备使用、保养手册，以及工艺标准手册等，通过资源库引领全国同类院校专业建设。

（二）强化教学时空变革，推进智慧课堂和虚拟工厂建设

系统构建硬件环境，建设 20 个集统一身份认证、多屏互动、精品录播、互动教学、远程教学等于一体的智慧教室，以"互联网 +"的思维方式和大数据、云计算等新一代信息技术打造智慧教学课堂。实际要改造教师传统授课方式和方法，融入师生互动与教学评价，结合远程互动和教学场景的数字化手段，打造新型教学生态系统。与达利国际集团等企业合作，采用虚拟仿真、虚拟现实（VR）、增强现实（AR）等技术手段，在校内建立服装虚拟仿真实训室和虚拟工厂（实训室），模仿服装企业生产环境，虚拟增设一些企业岗位，让学生在实训过程中担任一定的角色，开展"服装生产管理""服装三维试衣"和"服装外贸跟单"等虚拟仿真实训项目，使教学内容和方式与企业的实际工作情境相吻合。全面破解信息化手段和课堂教学创新相互融合过程中的难题，促进教与学、教与教、学与学全面互动，使课堂教学工作的开展更加高效，进一步提高人才培养质量。

四、以"双师型、结构化"为导向，打造高水平教师教学创新团队

以建立一支善教学、精技能、能研发的专兼结合的双师结构教学团队为目标，校企共建"双师培育基地"，建立校企"双向兼职、双方培养、双重身份、双重保障"的双师培养机制，实施教师能力提升"四大工程"，构建教师队伍分层分类培养体系，提升专业群教师的教学、科研与技术服务能力。如图 7-5 所示。

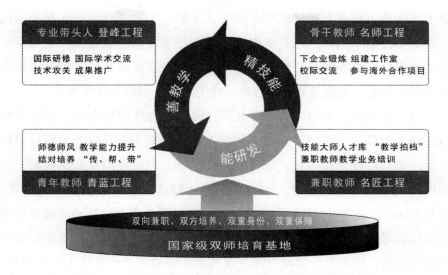

图 7-5 服装设计与工艺专业群教学创新团队建设示意图

（一）依托校企共同体，打造"身份互认、角色互换"的双师队伍

建立校企"双向兼职、双方培养、双重身份、双重保障"的双师培养机制，实施"教师进企业，大师进课堂"计划，打造一支高水平"混编"实战型教学团队。建立教师企业工作站两个，实施教师企业服务工程，错峰安排教师进企业顶岗实训，每年至少 1 个月，推动专业教师深入企业参与生产实践与技术创新服务，为企业提供技术服务项目 30 项/年。在学校建立企业工作室，让企业专家常驻学校，将企业真实任务引入教学，组建教师师傅团队，共同开展教法研究和技术服务，打造"身份互认、角色互换"的双师队伍，"双师率"达到 95% 以上。

（二）实施"四大工程"，培养女装专业群领军人才

（1）实施专业群及专业带头人"登峰工程"。在政策与资金上加大支持力度，引进和培养具有国际视野和统领能力的专业群带头人，支持其参加国际一流服装高校研修培训和国际高端学术交流，担任国际知名服装企业的技术总监或设计总监，使之成为国内一流的教学名师；培育学术水平高、行业有权威的专业带头人 4 名，支持专业带头人参加国内外高等学校学术活动，进行本专业领域的技术攻关和成果推广，从而引领专业发展；培养具有一线丰富实践经验且在行业内有一定影响力的企业专业带头人，定期邀请其参加教学研究活动，引领专业发展。

（2）实施骨干教师"名师工程"。聘请国内外职教专家、技能大师担任骨干教师，同时每年选派 2～3 人进行为期 3 个月以上的海外研修访学，参与海外合作项目，进行校际交流等，以掌握国外先进技术，拓宽国际化视野。通过组建工作室、下企业锻炼、教师进企服务等形式，培养名师、名匠各 15 人，打造优秀教学创新团队 7 个；鼓励教师参加现代信息技术教学应用能力培训和信息化教学比赛，开展全员职业技能等级证书培训，提升骨干教师引领企业技术革新和时尚信息技术应用能力，鼓励他们积极参加国家级教师信息化教学技能大赛。最终，打造一支课程开发能力、技术服务能力和产品研发能力都很强的骨干教师队伍。

（3）实施青年教师"青蓝工程"。鼓励骨干教师与青年教师结对，充分发挥骨干教师的"传、帮、带"作用，为青年教师的发展创造良好的平台，促进青年教师专业成长，提升年轻教师育人能力，通过"筑师魂、育师德、带师能"，促进青年教师职业教育教学能力的提升。

（4）实施兼职教师"名匠工程"。建立与优化行业企业技能大师人才库，从国内外知名服装企业柔性引进一批实践经验丰富、技术技能水平过硬的企业专家、能工巧匠充实到专业群教师队伍中。定期开展兼职教师教学业务培训，提升兼职教师授课水平和信息化教学能力；企业兼职教师与专任教师结对构建"教学拍档"，共同承担课程开发、课程教学和工作室建设等任务。建设期间，兼职师资库人数达 50 名，聘任常驻校内企业师傅 20 名。

（三）聚焦教师引领发展能力，打造国家级双师培育基地

整合浙江省服装制版师协会、设计师协会、达利国际集团及在杭品牌企业等资源，建立学校教师、企业技师共享共培师资发展平台，遴选深度合作企业建立双师培育基地两个，每年组织教师参加专业领域职业资格培训，在面料开发、时尚女装款式、女装结构、毛衫设计、时装搭配和服装陈列等领域培养一批技术能手。通过应用型课题项目研究，解决企业生产中的关键性技术难题，积累技术经验和研发成果，培育具有引领产业技术革新与创新能力的复合型师资队伍，而且通过四年建设，建成1个国家级双师培育基地，培育一批善教学、精技能、会研发，能面向全国职业院校服装类专业教师开展培训的教学名师。

第三节 龙渡湖时尚产业学院教育成果与发展展望

一、龙渡湖时尚产业学院教育成果

（一）校企合作"达利现象"成为全国典范

校企合作"达利现象"的成果是龙渡湖时尚产业学院在全国范围内取得的一项重要成就。学院与达利国际集团合作打造了"校企共同体"，而通过与达利国际集团的紧密合作，学院建成了全国一流的女装工程创新中心和国内首个电脑横机培训基地。

这种校企合作的"达利现象"成为全国的典范。学院不仅荣获了"全国教育系统先进集体"的称号，还被授予了"全国纺织行业技能人才培育突出贡献奖"。

校企合作"达利现象"体现了学校与产业界的紧密合作，为人才培养提供了强大的支持和保障。学院与达利国际集团合作建立了良好的互信关系和合作机制，共同制订了人才培养方案，并共同开展了一系列教育和培训活动，使学生能够在真实的工作环境中学习和实践，提升自身实际操作能力和创新能力。

此外，校企合作"达利现象"也引起了其他高校和教育界的关注和学习。该合作模式在全国范围内被视为一种创新和成功的实践经验，为其他高校校企合作提供了借鉴和参考。通过与产业界的紧密合作，学校能够更好地了解产业需求，优化人才培养方案，提高学生的就业竞争力和市场认可度。

（二）教学成果奖的获得

龙渡湖时尚产业学院在教学方面取得了令人瞩目的成绩，多次荣获国家级和全国纺织工业联合会教学成果奖一等奖。

（1）国家级教学成果奖。龙渡湖时尚产业学院荣获 2014 年国家级教学成果奖一等奖，获奖项目为基于校企共同体的服装专业人才培养模式创新与实践。该奖项的获得体现了学院在人才培养模式方面的创新与实践成果，以及与产业企业的深度合作。

（2）全国纺织工业联合会教学成果奖。龙渡湖时尚产业学院连续五届荣获全国纺织工业联合会教学成果奖一等奖，共计获得了 6 项该奖项。这些奖项充分肯定了学院在纺织工业教育领域的卓越教学质量和教学成果。

（三）国家级专业教学资源库

国家级专业教学资源库是龙渡湖时尚产业学院的一项重要成果。学院主持了两个国家级专业教学资源库的建设，分别是服装设计专业教学资源库和传统手工艺（非遗）传承与创新教学资源库。

1. 服装设计专业教学资源库

该资源库基于学院服装设计专业的教学需求，整合了丰富的教学资源和教学方法，具体包括以下几方面内容：

（1）教学材料和教材。该资源库收集整理了大量的教学材料和教材，包括教科书、参考书、教学案例、教学视频等。这些资源为教师提供了多样化的教学素材，可帮助他们更好地开展教学工作。

（2）教学案例和项目。资源库中还包括了丰富的教学案例和项目，涵盖了不同领域的服装设计实践和创新。教师可以根据这些案例和项目，引导学生进行实际操作和创作，培养学生的实践能力和创新思维。

（3）技术手册和工艺指南。为了帮助学生掌握服装设计中的技术和工艺，资源库提供了详细的技术手册和工艺指南。学生可以参考这些资料，了解不同的设计技术和制作工艺，提升自己的技能水平。

（4）设计软件和工具。资源库中还包含各种设计软件和工具，如CAD软件、绘图工具等。学生可以通过使用这些软件和工具，进行设计和制作实践，提高设计效率和质量。

通过建设服装设计专业教学资源库，学院提供了丰富的教学资源和支持，帮助教师更好地开展教学工作，同时也为学生提供了学习和实践的平台，有助于学生提高专业水平和竞争力。

2.传统手工艺（非遗）传承与创新教学资源库

这个资源库是为了保护和传承传统手工艺（非物质文化遗产）而建设的。它包括以下方面的内容：

（1）传统手工艺的介绍和文化背景。资源库中提供了传统手工艺介绍和相关文化背景的资料，可使学生了解传统手工艺的历史、特点和价值。

（2）传统手工艺技艺的传承。资源库收录了传统手工艺传承资料，包括制作工艺、技术要点、传统工具使用等方面的内容。学生可以通过学习这些资料，掌握传统手工艺技巧。

（3）创新设计与传统手工艺的结合。资源库中还包含了创新设计与传统手工艺结合的案例和项目资料。学生可以通过参考这些案例和项目，探索传统手工艺与现代设计的融合，开展创新设计实践。

通过建设传统手工艺（非遗）传承与创新教学资源库，学院促进了传统手工艺的传承和创新，可培养学生对传统文化的认知和理解，提高学生的创造力和创新能力。

（四）创新创业和就业率的提高

1. 创新创业教育

学院注重培养学生的创新创业能力，开设了创新创业课程和培训项目。学生在课堂上学习创业理论和技能，同时参与实践项目和创业竞赛，可有效培养自身创新思维、市场意识和创业能力。

2. 创新创业平台

学院为学生提供了创新创业平台和资源支持。学院建立了创新创业实验室、创业孵化器等创业载体，为学生提供创业项目孵化和发展环境，同时提供导师指导、资金支持和市场推广等服务。

3. 创新创业竞赛

学院组织学生参加各类创新创业竞赛，如创业计划比赛、创新设计竞赛等。学生通过参与竞赛，可锻炼创新能力、团队合作和项目管理能力，同时增强创业意识和自主创业的决心。

4. 创业指导和培训

学院与企业、投资机构等建立了紧密的合作关系，邀请创业导师和企业家进行指导和培训。学生可以获得来自创业者的实际经验和行业洞察力，提高创业的成功率和效果。

5. 就业指导与拓展服务

学院注重为学生提供就业指导和拓展服务。学院与企业建立了良好的合作关系，开展校企双向招聘会和企业实习项目，为学生提供就业机会。同时，学院还积极开展就业技能培训和职业规划辅导，帮助学生提升就业竞争力。

6. 创新创业文化的培养

学院积极营造创新创业氛围和文化。学院组织创业讲座、创新论坛和创业活动，鼓励学生分享创业经验和成功案例，激发学生的创新创业热情和潜能。

通过以上措施的实施，龙渡湖时尚产业学院学生的创新创业能力得到了有效的培养，同时学院也为学生提供了充分的支持和机会，促进了创新创业项目的落地和发展。这些努力和成果使得学院的毕业生创业率明显提高，毕业一年后的自主创业率为10.41%，毕业三年后的自主创业率更高达20.48%，远超过全省平均水平。此外，学院的就业率也保持在98%以上，为学生就业提供了良好保障。

（五）学生获得的奖项和荣誉

1.全国服装技能大赛

学生连续7年在全国服装技能大赛中获得一等奖，展现了他们在服装设计和制作方面的才华和技能。这项比赛是全国范围内最具权威和竞争性的赛事之一，获得一等奖表明学生在设计创意、技术操作和工艺制作等方面具备出色的能力。

2.全国技能标兵

学生在技能大赛中的优异表现使得他们被评为全国技能标兵，这是对他们技能水平和专业能力的高度认可。技能标兵是技能竞赛中表现出色、技能水平达到一定标准的参赛选手，获得该荣誉表明学生在相关技能领域具备出色的实践能力和专业技能。

3.技师职业资格认证

许多学生通过技师职业资格认证，获得了技师职业资格证书。技师职业资格是对学生在特定职业领域中具备的专业技能和实践能力的认可，这使得学生在就业市场具备更强的竞争力。

4.作品被国家博物馆永久收藏

学生与艺术大师陈家泠合作的作品被国家博物馆永久收藏，这是对他们在设计和创作方面的卓越成就的认可。学生的作品被国家博物馆收藏，不仅意味着他们的作品具有艺术价值和独特性，还为他们在艺术设计领域的发展和未来的职业发展提供了更大的机遇。

（六）教师的教学能力和荣誉

1. 章瓯雁教授

章瓯雁教授是学院的专业群负责人，他在创新教学方面取得了显著成绩。他荣获全国教学能力大赛的二等奖，这是对他在教学实践中所展现的高水平教学能力的认可。同时，他还荣获全国高校微课教学比赛一等奖，这体现了他在教育技术应用方面的创新和优秀表现。

2. 其他教师荣誉

除了章瓯雁教授外，龙渡湖时尚产业学院的教师团队中还有许多教师取得了重要的成绩。他们经常参加国内外的学术研讨会、教学比赛和培训活动，不断提升自身的教学水平。他们也积极参与教学研究和教学资源开发互动，旨在为学生提供优质的教育教学环境和资源。

（七）承办大赛和举办活动

1. 承办全国职业院校服装技能大赛

学院成功承办了全国职业院校服装技能大赛，这是一项具有广泛影响力和参与度的比赛活动。通过承办这一大赛，学院为学生提供了一个展示自己技能和创造力的平台，同时也为其他院校的学生提供了交流和学习的机会。该大赛的举办不仅促进了学生技能的提升，还提高了学院的知名度和影响力。

2. 承办省级以上服装技能大赛

除了全国职业院校服装技能大赛外，学院还承办了省级以上的服装技能大赛。通过承办这些大赛，学院为学生提供了参与和竞争的机会，激发了学生的创新意识和竞争力，进一步提高了学生的技能水平。

3. 活动的举办

学院还举办了一系列与时尚产业相关的活动，如时装展览、设计作品展示、专业讲座等。这些活动旨在展示学生的创意作品和专业技能，加强学生与产业界的交流与合作，提升学生的综合素质和职业竞争力。同时，这些活动也为学生提供了更多的实践机会和展示平台，促进了他们的专业发展。

（八）专业建设的成果

1. 骨干专业认定

学院的服装设计与工艺专业被认定为《高等职业教育创新发展行动计划（2015—2018年）》的骨干专业。这是对学院专业建设、师资队伍和教学质量等方面的高度肯定，也是学院专业实力的重要体现。

2. 国家级和省级优势专业

学院的服装设计与工艺专业不仅获得了国家级认定，还被评为省级优势专业。这表明学院在该专业领域的教学质量和专业特色得到了行业和评估机构的认可。

3. 省级特色专业

学院的服装设计与工艺专业荣获省级特色专业称号。这是对学院在专业设置、教学资源、实践教学和学生培养等方面的特色和突出贡献的肯定。

二、龙渡湖时尚产业学院发展展望

（一）成为体制机制创新的"先行者"

以群建院，深化基于服装专业群、产教深度融合、利于发挥各方积极性的产业学院管理模式改革，而"校企共同体"办学为全球职业教育贡献"杭职智慧"。

1. 群建院模式

学院将以群建院为方向，通过整合相关专业和学科，建立跨学科专业群体，提高教学和科研协同效应，更好地适应产业发展的需求，提供多学科交叉融合的教育和研究环境。

2. 产教深度融合

学院将深化与产业界的合作，建立起密切的校企合作关系。通过与企业的深度合作，学院能够更好地了解产业的需求和趋势，将产业要求纳入教学计划和课程设计，培养适应产业需求的专业人才。

3. 校企共同体办学模式

学院将进一步发展和完善校企共同体办学模式。通过与企业共同建立教学实训基地、科研平台等合作机制，使教育与产业深度融合，促进教学、科研和实践的有机结合。

4. "杭职智慧"贡献

学院将积极探索和推广"杭职智慧"，通过引进先进的教学理念、教育技术和教学资源，提升教学质量和教育水平。学院将引领教育体制机制的创新，为职业教育的发展做出贡献。

通过成为体制机制创新的"先行者"，龙渡湖时尚产业学院将在产教融通、教育模式创新、教学质量提升等方面发挥示范和引领作用。学院将不断推动职业教育改革和创新，为培养适应时代发展需要的高素质专业人才做出积极贡献。

（二）成为各类教育教学标准的"制定者"

在龙渡湖时尚产业学院的发展展望中，成为各类教育教学标准的"制定者"是一个重要目标。学院将积极参与和推动各类教育教学标准的制定和改革，以提升教育质量和培养质量。

1. 对接"1+X"证书制度改革

学院将主动对接"1+X"证书制度改革，该制度旨在打通学历教育与职业教育的衔接，更好地满足人才需求。学院将参与制定相关的专业标准、课程标准和教学资源，确保学生的学习内容与实际职业需求相匹配。

2. 国家专业教学资源库建设

学院将依托国家专业教学资源库，开发一批与国际接轨的专业标准、课程标准和教学资源。通过整合国内外先进教学资源和经验，学院将制定具有国际水平的教育教学标准，推动教育教学的国际化发展。

3. 建设一流教师团队

要为制定教育教学标准提供坚实的师资支撑，学院需注重培养和引进一流的教师团队。通过引进具有丰富行业经验和教学经验的专业人士，学院将确保教师团队具备制定标准的专业素养和能力。

4. 产学研结合的实践教学

学院将强化产学研结合的实践教学，通过与行业企业的深度合作，了解最新的行业需求和趋势。基于这些实践经验和行业反馈，学院可以及时修订教学标准，确保教育教学内容与行业发展保持同步。

5. 国内外学术交流与合作

学院将积极开展国内外学术交流与合作，与国内外知名高校、研究机构和行业协会建立合作关系。通过参与国际标准的制定和对比学习，学院可以吸收国际先进的教育教学理念和标准，为制定国内的教育教学标准提供参考和借鉴。

（三）成为杭州女装产业发展的"新引擎"

成为杭州女装产业发展的"新引擎"是龙渡湖时尚产业学院的发展目标之一。作为杭州地区的职业教育机构，学院致力为当地女装产业的发展注入新的活力和动力。

1. 建立合作平台

学院与中国服装行业协会、东华大学等相关机构和高校建立合作伙伴关系，共同搭建合作平台，推动杭州女装产业的发展。通过合作，学院能够获取行业最新的技术和趋势信息，为学生提供更加实际和前沿的教学资源和培训机会。

2. 建设创新中心

学院与合作伙伴共建全国女装制版技术教育创新中心，旨在提升女装制版技术水平和创新能力。创新中心将开展技术研发、工艺创新和产品设计等活动，为杭州女装产业提供技术支持。

3. 构建大数据平台

学院积极参与建设时尚女装产业大数据平台，通过数据采集、分析和应用，为杭州女装产业提供更精准的市场信息。大数据平台的建设将有助于行业企业做出准确的决策，并推动杭州女装产业向全球产业中高端迈进。

4. 强化人才培养

学院将加强与女装产业企业的合作，深入了解产业的需求和发展方向。通过开设与产业紧密结合的课程、提供实习和就业机会等方式，可培养出适应产业需求的专业人才。学院还鼓励学生参加行业竞赛和创新项目，增强他们的实践能力和创新意识。

5. 产学研一体化

学院推动产学研一体化，积极开展产学研合作项目。在与企业合作时，学院可提供研究成果，让企业应用到实际生产，解决产业发展中的技术难题，提升产业的竞争力。

（四）成为高职混合所有制办学的"新典范"

混合所有制办学是指学校与企业、社会组织等不同所有主体之间建立合作关系，共同参与高职院校的管理与办学。这种模式下，学校与其他主体形成合作共建、共管、共赢的关系，实现资源共享、优势互补、协同发展。

龙渡湖时尚产业学院在混合所有制办学方面的发展展望包括以下几个方面：

1. 理念引领和智力输出

学院将通过自身的经验和实践，引领混合所有制办学理念的推广和智力输出。学院将与湖州市政府共建"中国童装学院"，通过合作办学的模式，将学院的教育理念和经验输出给其他合作伙伴，为他们提供指导和支持。

2. 混合共建

学院将与合作伙伴共同参与学院的管理与办学，实现混合共建。这意味着学校与企业、社会组织等合作伙伴将共同参与学院的决策制定、教学设计和资源配置等，共同努力提高教育质量和培养效果。

3. 委托共管

在混合所有制办学模式下，学院将委托一部分管理权和教学权给合作伙伴，实现共同管理，共担责任。学院将与合作伙伴建立长期稳定的合作机制，明确各方的权责和分工，通过合作共管，促进教育资源优化配置和管理效能提升。

4. 发展共赢

混合所有制办学的核心目标是实现共赢发展，即学校、企业和社会组织等各方共同分享教育资源和发展成果。学院将与合作伙伴共同努力，通过资源共享和优势互补，提升教育质量、改善教学环境、提高学生就业竞争力，实现共同发展。

（五）成为时尚女装国际化人才培养的"新高地"

在发展展望中，龙渡湖时尚产业学院将致力成为时尚女装国际化人才培养的"新高地"。该目标的具体内容如下：

1. 借助达利国际集团资源

达利国际集团作为国际知名的时尚企业集团，在时尚设计、品牌管理、国际市场等方面具有丰富的经验和资源。学院将与达利国际集团深入合作，借助其全球化的平台和行业影响力，为时尚女装国际化人才培养活动提供坚实的资源助力。

2. 鲁班工坊和西泠学堂建设

学院将以鲁班工坊和西泠学堂的建设为重点。鲁班工坊将成为时尚女装创意设计和工艺研发的创新基地，提供先进的设计工具和技术设备，培养学生的创新能力和设计思维。西泠学堂将成为时尚女装文化与品牌管理的研究和培训中心，深入探索国际市场需求和品牌运营策略，培养学生在国际市场中的竞争力。

3. 国际化人才培养项目

学院将推出国际化人才培养项目，吸引海外学生和专业人士来学院学习和培训。学院将开设国际化课程，提供专业的教学团队和国际化教学资源，培养学生的跨文化交流能力和国际背景下的时尚视野。同时，学院将组织学生参与国际时装展览、设计比赛和行业交流活动，拓宽学生的国际视野。

4. 国际合作与交流

学院将积极开展与国际高校、时尚企业和设计机构的合作与交流。通过建立合作项目、师资交流、学生交换等形式，学院将引进国际先进的教学理念和技术，提高学院的国际化教育水平。同时，学院将鼓励学生参与国际时装周、国际设计大赛等活动，与国际顶尖时尚专业人士进行交流与竞争，提升学生的国际竞争力。

参考文献

[1] 林仕彬，欧阳育良．组织创新视角下的产业学院建设 [M]．广州：
     广东高等教育出版社，2020.

[2] 瞿才新．悦达纺织产业学院协同办学双主体育人的研究与探索 [M]．
     北京：中国纺织出版社，2021.

[3] 邓先凤．服装设计与工艺专业人才培养方案 [M]．重庆：重庆大学
     出版社，2015.

[4] 李淑娟．服装设计与工艺 [M]．长春：吉林教育出版社，2021.

[5] 汪薇，陈黔编．广西职业教育服装设计与工艺专业群发展研究与
     实践 [M]．北京：中国纺织出版社，2021.

[6] 徐峰．产教融合背景下高职会展类产业学院建设路径探析：以义
     乌工商职业技术学院商城国际会展学院为例 [J]．商展经济，2023
     （11）：151–153.

[7] 林梦姗．基于产教深度融合的数字文创产业学院建设实践探索：
     以容艺影视产业学院为例 [J]．湖北开放职业学院学报，2023（11）：
     65–67.

[8] 林夕宝，余景波，刘美云．高职院校现代产业学院育人效能研究 [J]．
     职教发展研究，2023（2）：17–26.

[9]　廖鑫.产教融合背景下欠发达地区高校产业学院建设探究：基于安康市高等教育与经济社会融合发展 [J].西部素质教育，2023（11）：179–182.

[10]　梁一，杨芬，徐军发.基于现代产业学院建设背景的临床免疫学检验技术课程思政探索 [J].中国免疫学杂志，2023（6）：1168–1170，1174.

[11]　严光玉.现代产业学院的四种实践样态：以四川省首批产教融合示范项目为例 [J].四川劳动保障，2023（5）：41–42.

[12]　卜晓梅.依托现代产业学院推进创新创业旅游人才培养：逻辑、路径与案例 [J].中国集体经济，2023（16）：165–168.

[13]　魏红梅，蒋翠兰.应用型大学产业学院专业集群建设的创新路径 [J].吉林工程技术师范学院学报，2023（5）：33–37，50.

[14]　郭晓辉，姬长新，李俊霞，等.高职院校特色产业建设的实践特征、实践逻辑与行动重点 [J].河南农业，2023（15）：7–8.

[15]　冯会利，王立河，樊宗山，等.特色产业学院建设存在问题与推进路径研究 [J].河南农业，2023（15）：11–12.

[16]　高紫俊，赵昕，贾春昉，等.现代产业学院"内外联动"人才培养模式研究与构建 [J].创新创业理论研究与实践，2023，6（10）：139–141.

[17]　李政.基于产教深度融合的现代产业学院建设实践探索 [J].科技风，2023（14）：96–98.

[18]　秦小云，秦福利，李健.地方高校建设现代产业学院的探索与实践 [J].高教论坛，2023（5）：1–4.

[19]　莫济榕，周坚和.现代产业学院的组织属性、运行逻辑及实践路径 [J].高教论坛，2023（5）：5–7.

[20] 罗晓菊．基于产业学院的服装专业现代学徒制人才培养运行机制研究 [J]. 辽宁丝绸，2023（2）：61-62，18.

[21] 王林玉，陈洁，毛雷，等．高职服装设计与工艺专业开展课程思政的探索与实践 [J]. 辽宁丝绸，2023（2）：88-89，97.

[22] 赵永红．能力本位下的"练学课堂"教学模式建构研究：以中职服装设计与工艺专业为例 [J]. 纺织报告，2023（3）：109-112.

[23] 王佳，李臻颖．基于"数智化"的服装设计与工艺专业课堂教学改革 [J]. 纺织服装教育，2023（1）：89-92，106.

[24] 孙嘉庆．服装设计与工艺专业课程思政建设探索与实践：以服装CAD 课程思政建设为例 [J]. 西部皮革，2023（3）：69-71.

[25] 杨倩．中职服装设计与工艺专业"产训融合，同基分向"模式的创建与实施 [J]. 化纤与纺织技术，2023（1）：206-208.

[26] 戴扬．中职服装设计与工艺专业课程教学措施分析 [J]. 化纤与纺织技术，2022（11）：237-239.

[27] 许岚．应用型本科院校产业学院建设的探索与实践：以吉林工程技术师范学院服装设计产业学院为例 [J]. 职业技术教育，2022，43（32）：21-24.

[28] 黄淑娴，魏娴媛．服装设计与工艺专业教学同非遗技艺的有效结合 [J]. 棉纺织技术，2022（10）：91.

[29] 周彬，赵菊梅，徐帅，等．以专业群构建产业学院：零距离对接纺织产业链 [J]. 纺织服装教育，2022（4）：308-312.

[30] 黄玉立．基于产业学院的"民族服饰设计"课程思政教学探索 [J]. 纺织服装教育，2022（4）：325-328.

[31] 宋明霞．高职服装设计与工艺专业"3D 服装设计及应用"课程思政的融入研究 [J]. 山东纺织经济，2022（8）：40-43.

[32] 王佳.虚拟仿真技术在服装设计与工艺专业课程中的教学应用 [J].
纺织科技进展，2022（6）：58-60，64.

[33] 陈伟伟.基于"双创引领、德技融合"服装设计与工艺专业拔尖
创新人才培养模式的探索与实践 [J].辽宁丝绸，2022（2）：82-
84，55.

[34] 陈良雨，沈宏，陈旺.基于地方文化产业发展的时尚产业学院建
设研究 [J].文化产业，2022（6）：109-111.

[35] 易城，廖江波，徐佩瑛.依托服装院校人才培养优势打造江西"三
地一体"纺织服装产业链 [J].老区建设，2021（22）：75-80.

[36] 孙宏，朱红.产教深度融合的纺织服装产业学院育人策略探析 [J].
轻工科技，2021（8）：121-123.

[37] 孙宏，罗炳金.产教深度融合的纺织服装产业学院建设与发展策
略研究 [J].轻纺工业与技术，2021（5）：135-137.

[38] 李海钱."双融共育"校企合作平台建设的实践研究：以中山市
沙溪理工学校服装专业为例 [J].化纤与纺织技术，2021（1）：
141-142.

[39] 刘启意，陈志峰.基于多元办学主体的专业镇产业学院可持续
发展研究：以中山职院专业镇产业学院为例 [J].教育科学论坛，
2020（36）：29-33.

[40] 孙宏，朱红，庄三舵，等.产教深度融合的纺织服装产业学院构
建路径分析与思考 [J].轻工科技，2020，36（12）：175-177.

[41] 徐珊珊.产教融合背景下服装与服饰设计专业人才培养改革的初
探 [J].西部皮革，2020（13）：125-126.

[42] 贾强，张挺，韩明，等.协同育人视角下高职食品专业产业学院
模式的探索 [J].广州城市职业学院学报，2019（4）：24-28.

[43] 龚惠兰. 高职院校"四双融合"人才培养模式探索：以中山职业技术学院产业学院为例 [J]. 当代职业教育，2017（4）：80-85.

[44] 王素红. 高职院校产业学院人才培养质量与区域经济的发展关系 [J]. 现代经济信息，2016（19）：419.

[45] 万伟平. 职业教育助推区域产业转型升级的路径研究：基于中山职业技术学院"校镇合作"共建产业学院的实践探索 [J]. 当代职业教育，2016（9）：9-13.

[46] 万伟平. 基于产教融合的"镇校企行"合作办学模式实证研究：以中山职院专业镇产业学院建设为例 [J]. 职教论坛，2015（27）：80-84.

[47] 易雪玲，邓志高. 高职教育"专业镇产业学院"发展模式研究 [J]. 广东技术师范学院学报，2014，35（10）：85-89.

[48] 梁彤. 地方高校转型背景下产业学院的形成与发展研究 [D]. 武汉：华中科技大学，2021.

[49] 邹寒冰. 中职学校服装设计与工艺专业"汉服文化艺术"课程开发研究 [D]. 福州：福建师范大学，2020.

[50] 靳玉雪. 基于成熟度理论的新工科产业学院评价指标体系研究 [D]. 天津：天津大学，2019.

[51] 盖磊. 谈中职服装设计与工艺专业 CorelDRAW 课程的教学 [D]. 烟台：鲁东大学，2017.

[52] 凌静. 基于工作过程的课程开发与教学实践研究 [D]. 杭州：浙江工业大学，2012.